高等教育工业设计专业系列实验教材

专题设计

THEMATIC DESIGN

竹产品认知与创意

COGNITION AND CREATIVITY OF BAMBOO PRODUCTS

陈国东　陈思宇　傅桂涛　主　编
潘　荣　副主编

中国建筑工业出版社

图书在版编目（CIP）数据

专题设计：竹产品认知与创意／陈国东等主编．—北京：中国建筑工业出版社，2018.9（2024.12重印）
高等教育工业设计专业系列实验教材
ISBN 978-7-112-22507-1

Ⅰ．①专…　Ⅱ．①陈…　Ⅲ．①竹材－产品设计－高等学校－教材　Ⅳ．①S781.9

中国版本图书馆CIP数据核字（2018）第177285号

责任编辑：吴　绫　贺　伟　唐　旭　李东禧
书籍设计：钱　哲
责任校对：李美娜

本书附赠配套课件，如有需求，请发送邮件至1922387241@qq.com获取，并注明所要文件的书名。

高等教育工业设计专业系列实验教材
专题设计　竹产品认知与创意
陈国东　陈思宇　傅桂涛　主编
潘荣　副主编
*
中国建筑工业出版社出版、发行（北京海淀三里河路9号）
各地新华书店、建筑书店经销
北京锋尚制版有限公司制版
建工社（河北）印刷有限公司印刷
*
开本：850×1168毫米　1/16　印张：8¼　字数：208千字
2019年4月第一版　2024年12月第二次印刷
定价：58.00元（赠课件）
ISBN 978-7-112-22507-1
（32586）

“高等教育工业设计专业系列实验教材”编委会

总序
FOREWORD

仅仅为了需求的话，也许目前的消费品与住房设计基本满足人的生活所需，为什么我们还在不断地追求设计创新呢?

有人这样评述古希腊的哲人：他们生来是一群把探索自然与人类社会奥秘、追求宇宙真理作为终身使命的人，他们的存在是为了挑战人类思维的极限。因此，他们是一群自寻烦恼的人，如果把实现普世生活作为理想目标的话，也许只需动用他们少量的智力。那么，他们是些什么人？这么做的目的是为了什么？回答这样的问题，需要宏大的篇幅才能表述清楚。从能理解的角度看，人类知识的获得与积累，都是从好奇心开始的。知识可分为实用与非实用知识，已知的和未知的知识，探索宇宙自然、社会奥秘与运行规律的知识，称之为与真理相关的知识。

我们曾经对科学的理解并不全面。有句口号是“中学为体，西学为用”，这是显而易见的实用主义观点。只关注看得见的科学，忽略看不见的科学。对科学采取实用主义的态度，是我们常常容易犯的错误。科学包括三个方面：一是自然科学，其研究对象是自然和人类本身，认识和积累知识；二是人文科学，其研究对象是人的精神，探索人生智慧；三是技术科学，研究对象是生产物质财富，满足人的生活需求。三个方面互为依存、不可分割。而设计学科正处于三大科学的交汇点上，融合自然科学、人文科学和技术科学，为人类创造丰富的物质财富和新的生活方式，有学者称之为人类未来“不被毁灭的第三种智慧”。

当设计被赋予越来越重要的地位时，设计概念不断地被重新定义，学科的边界在哪里？而设计教育的重要环节——基础教学面临着“教什么”和“怎么教”的问题。目前的基础课定位为：①为专业设计作准备；②专业技能的传授，如手绘、建模能力；③把设计与造型能力等同起来，将设计基础简化为“三大构成”。国内市场上的设计基础课教材仅限于这些内容，对基础教学，我们需要投入更多的热情和精力去研究。难点在哪里?

王受之教授曾坦言：“时至今日，从事现代设计史和设计理论研究的专业人员，还是凤毛麟角，不少国家至今还没有这方面的专业人员。从原因上看，道理很简单，设计是一门实用性极强的学科，它的目标是市场，而不是研究所或书斋，设计现象的复杂性就在于它既是文化现象同时又是商业现象，很少有其他的活动会兼有这两个看上去对立的背景之双重影响。”这段话道出了设计学科的某些特性。设计活动的本质属性在于它的实践性，要从文化的角度去研究它，同时又要从商业发展的角度去看待它，它多变但缺乏恒常的特性，给欲对设计学科进行深入的学理研究带来困难。如果换个角度思考也许会有帮助，正是因为设计活动具有鲜明的实践特性，才不能归纳到以理性分析见长的纯理论研究领域。实践、直觉、经验并非低人一等，理性、逻辑也并非高人一等。结合设计实践讨论理论问题和设计教育问题，对建设设计学科有实质性好处。

对此，本套教材强调基础教学的“实践性”、“实验性”和“通识性”。每本教材的整体布局统一为三大板块。第一部分：课程导论，包含课程的基本概念、发展沿革、设计原则和评价标准；第二部分：设计课题与实验，以 3~5 个单元，十余个设计课题为引导，将设计原理和学生的设计思维在课堂上融会贯通，课题的实验性在于让学生有试错容错的空间，不会被书本理论和老师的喜好所限制；第三部分：课程资源导航，为课题设计提供延展性的阅读指引，拓宽设计视野。

本套教材涵盖工业设计、产品设计、多媒体艺术等相关专业，涉及相关专业所需的共同“基础”。教材参编人员是来自浙江省、江苏省十余所设计院校的一线教师，他们长期从事专业教学，尤其在教学改革上有所思考、勇于实践。在此，我们对这些富有情怀的大学老师表示敬意和感谢！此外，还要感谢中国建筑工业出版社在整个教材的策划、出版过程中尽心尽职的指导。

叶丹　教授
2018 年春节

前言
PREFACE

竹文化是中华文化的重要部分，一直深刻地影响着中国人的物质生活和精神生活。竹是一种既具有传统性又具有现代性的设计加工材料。传统性表现在石器时代我国的先民们就开始用原竹，现代性表现在为适应现代化工业的发展，通过对原竹的再加工与工业化利用，我国开发了性能各异的新型竹材，如薄竹、竹集成材、重组竹等。

在新时期的历史条件下，通过设计创新将“竹”融入人们的生产生活中，是竹产业界和设计界共同面临的重要命题。在设计类专业中开设竹产品专题设计课程，培养竹产品设计人才无疑是一种有效的途径。目前虽然对竹产品设计的论文与观点很多，但还没有一本可供设计与教学使用的书籍。在前人的基础上，我们阐述了竹产品与竹产品专题设计的导论知识，探索规划了竹材认知、竹材创意、竹材综合设计三个专题内容学习体系，旨在为设计类专业师生的竹产品设计和教学提供参考。

全书知识点明确、内容清晰、通俗易懂，强调知识的系统性及可操作性，在阐述理论的同时，配置了大量的案例加以分析说明，并通过系列设计实践进行理论知识体系的深化，从而启发竹产品的设计。

本书是在总结自己设计教学与实践的经验，并参阅借鉴大量国内外竹和工业设计相关的书籍与案例的基础上编写而成。在编写的过程中得到了竹产业和工业设计诸多专家和教授的指导和帮助，浙江农林大学研究生马艳芳、鹿国伟、蔡萧临、楼可俅等同学也做了大量资料收集与整理工作，同时本书得到杭州市哲学社会科学规划课题（编号：G18JC019）支持。在此一并表示衷心的感谢。

由于学识水平有限，书中必定还存在诸多缺点和不足，恳请各位专家与读者批评指正。

陈国东

2018 年 3 月

课时安排

TEACHING HOURS

■ 建议课时 68

<table>
<tr><th>课程</th><th colspan="2">具体内容</th><th>课时</th></tr>
<tr><td rowspan="6">竹产品专题设计导论
（4 课时）</td><td rowspan="3">竹产品概论</td><td>竹文化</td><td rowspan="3">2</td></tr>
<tr><td>农业手工业时代的竹产品</td></tr>
<tr><td>现代工业时代的竹产品</td></tr>
<tr><td rowspan="3">竹产品专题设计概论</td><td>产品</td><td rowspan="3">2</td></tr>
<tr><td>产品设计</td></tr>
<tr><td>竹产品专题设计</td></tr>
<tr><td rowspan="10">竹产品专题设计训练
（64 课时）</td><td rowspan="3">竹材认知专题</td><td>设计课题 1　竹材表面形态认知</td><td>6</td></tr>
<tr><td>设计课题 2　竹材结构重塑</td><td>6</td></tr>
<tr><td>设计课题 3　竹材工艺延展</td><td>6</td></tr>
<tr><td rowspan="3">竹材创意专题</td><td>设计课题 1　原竹产品创意设计</td><td>6</td></tr>
<tr><td>设计课题 2　竹型材产品创意设计</td><td>6</td></tr>
<tr><td>设计课题 3　竹＋X 产品创意设计</td><td>6</td></tr>
<tr><td rowspan="4">竹产品综合设计专题</td><td>竹产品设计前期规划</td><td>4</td></tr>
<tr><td>竹产品设计概念查找</td><td>8</td></tr>
<tr><td>竹产品设计创意表达</td><td>8</td></tr>
<tr><td>竹产品设计模型制作</td><td>8</td></tr>
<tr><td colspan="3">课程资源导航</td><td>课外学习</td></tr>
</table>

目录

CONTENTS

0 1 2 3 4 5 6 7 8

01

第 1 章　竹产品专题设计导论

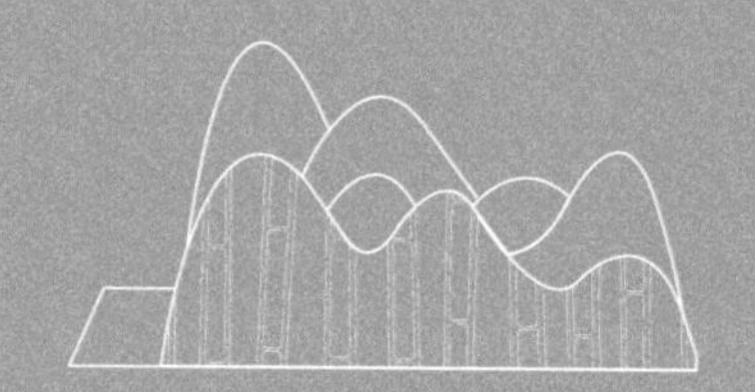

第1章　竹产品专题设计导论

1.1　竹产品概论

1.1.1　竹文化

竹似木非木、似草非草，有节中空，叶片长披针形，是一种木质化的多年生禾本科植物。其有独特的地下根鞭系统和快速的更新繁殖能力，具有一次成林、长期利用、生长快、成材周期短、生产力高等特点，许多力学和理化性质优于木材。竹子因其独特的生长特性、生态功能和经济价值，被公认为巨大的、绿色的、可再生的资源库和能源库，已被广泛应用于环境、能源、纺织和化工等各个领域，是培育战略性新兴产业和发展循环经济的潜力所在。

竹之于中华文明的特殊地位是有其历史的必然性的，其喜欢温暖湿润的气候，盛产于热带、亚热带和温带地区，原始时期中国竹林的分布，西起甘肃祁连山，北到黄河流域北部，东至台湾，南及海南岛。中华文化发源的两大中心——黄河流域和长江流域，正是在竹林生态区域之内。

2004 年湖南高庙文化遗址挖掘出的一个已经炭化竹篾垫子，呈经纬状分布，中间有规则排列的方孔，每个方孔的边长约 0.8cm，篾片很薄，和现在的竹篾制品没有视觉上的差别，是我国已知的最早竹产品，距今有 7000 多年。20 世纪 50 年代浙江湖州钱山漾遗址出土了两百多件竹产品，有萝、席、篮、簸箕等，一些产品编织方法复杂而丰富，有呈一经一纬的人字形，也有二经二纬和多经多纬的人字形，还有菱形花格、密纬疏经的十字形等，特别是产生了梅花眼、辫子口这一类比较复杂的编织法（图 1-1）。总体来说，这些竹篾编织产品，经纬疏密得当，造型美观，开始表现出由“纯粹实用”向“实用与美观兼备”演进的特点，说明当时的竹编技术已达到相当高的水准，表明 5000 多年前良渚文化时期我国已普遍创造和使用竹产品。1954 年在西安半坡发掘的仰韶文化遗址出土的陶器上有可辨认的“竹”字符号，是最早关于竹子的记载，可以说我国是世界上研究、培育和利用竹子最早的国家。

图 1-1　浙江湖州钱山漾出土的竹编物
（选自《吴兴钱山漾遗址第一、第二次发掘报告》）

世界上竹子有70多属，1200多种，我国就有39属500多种，是世界上竹种资源最丰富的国家，素有“竹子王国”美誉，根据第八次全国森林资源清查结果显示有601万hm^2。目前，我国竹产业已经形成一个集文化、生态、经济、社会效益为一体的绿色朝阳产业链。无论是竹林面积、竹材产量，还是竹林培育、竹材加工利用水平等均居世界首位。我国竹产业的研究领域广泛而深入，竹工机械、竹基人造板、复合材料与竹材综合利用技术方面一直引领国际前沿，竹材产品涉及竹地板、竹家具、竹材人造板、竹工艺品、竹装饰品、竹浆造纸、竹纤维制品、竹生活品、竹炭等十几个类别的上千种产品，产品出口日、韩、美、欧等数十个国家和地区，形成广泛影响力。

英国著名学者，研究东亚文明的权威李约瑟在《中国科学技术史》中指出中国是竹子文明的国度，在中华文明的演化发展过程中，处处都可以见到竹子的踪迹。竹枝杆挺拔，至刚至柔，凌霜傲雪，倍受中国人民喜爱，被历代文人赋予了特殊的审美价值，与“梅兰菊”并称四君子，与“梅松”并称岁寒三友，是中国传统文化中享有极高地位的文化符号，在历来的文人雅士中以诗、画、刻等艺术形式流芳万世。

竹文化是以竹为载体的文化，是中华文化的重要一支，是我们区别于其他文化的一个重要标识，纵观历史，没有哪一种植物能够像竹子一样对一个民族产生如此深远的影响。竹子承载了诸多中华民族的传统审美因素，它早已超越了实物本身的意义，也是一种观念的载体和文化的符号。而苏东坡的一句“食者竹笋，居者竹瓦，载者竹筏，炊者竹薪，衣者竹皮，书者竹纸，履者竹鞋，真可谓不可一日无此君也”，表明了竹文化不仅仅体现在古代文人的意象符号中，更是存在于古人衣食住行用的竹产品中，每一件竹产品不仅仅传达了其制作工艺，更是蕴涵了人们的生活智慧、生产方式及背后的社会文化与价值体系，深深地渗透到我国精神和物质文化的方方面面。

1.1.2 农业手工业时代的竹产品

农业手工艺时代，随着对竹子认识的不断深入，竹子利用日益广泛，竹匠们物尽其用，充分利用天然竹材的特性，通过锯、切、剖、拉、刮、编、削、磨、雕等方法加工制成各种各样的产品，几乎涵盖一切领域，在各朝历代中竹产品都是重要的经济、文化与艺术的工具与载体。春秋战国时代，出现了刻竹艺术并开始使用竹简，推动了文字的流通和人们的交流；湖北江陵楚墓出土有精美彩色的竹席，表明当时的编织技术已很先进。秦汉时期开始制作使用竹扇，著名的都江堰水利工程就用竹笼和竹管进行防洪和灌溉，值得一提的是当时已将罗汉竹制成的邛竹杖运到印度售卖。东晋常州蓖箕问世，唐宋时期商业经济发达，竹产品制作水平进入了新的阶段，出现了留青竹刻、竹画帘等。元代末年四川江安翻簧竹刻开始出现，明代四川眉山竹编盛极一时，已由粗编至精细编织，艺术技巧更精，当时的花边细蔑扇曾作为贡品，湖南益阳小郁竹器开始出名，水竹凉席闻名全国。清朝成都竹丝瓷胎问世，具有丝细如发，依胎成型，绘制精巧，色泽清雅的特点；同期杭州人采用杭州天竺山的实心大叶箬竹精心加工成的天竺筷广受欢迎，民国早期宋美龄曾以天竺筷作为国礼赠送给各国大使夫人。清末四川自贡民间艺人龚爵五用黄竹根丝首创细蔑扇，被称为“龚扇”，传播很广（图 1-2～图 1-5 分别为竹笼、留青臂搁、翻簧笔筒和天竺筷）。

图 1-2　竹笼（选自《实拍：让我震撼的都江堰》/ 作者：杨孝文）

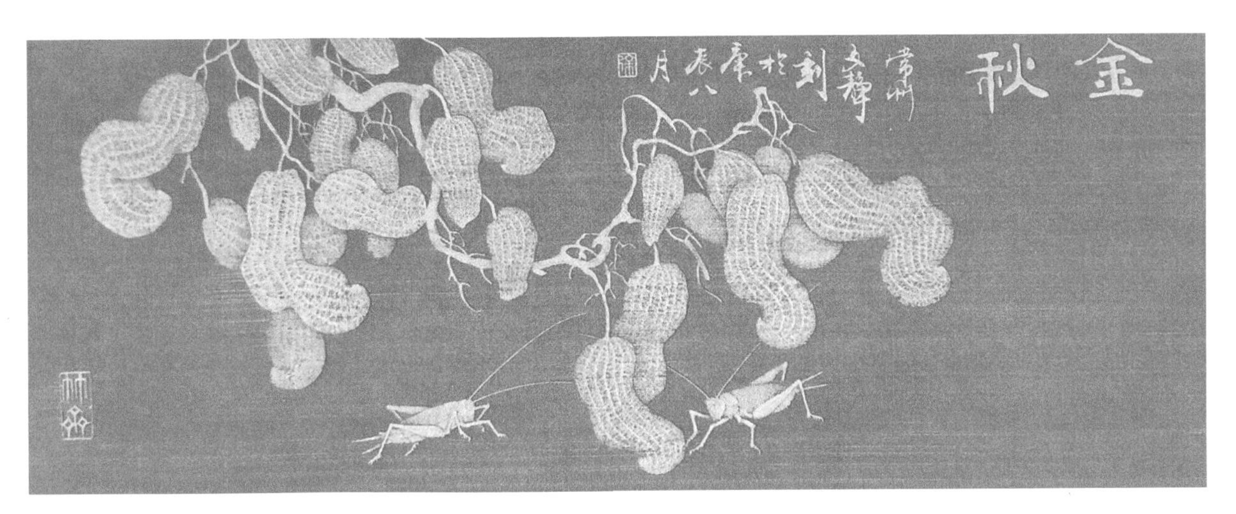

图 1-3　留青臂搁“金秋”（作者：徐文静）

图 1-4　翻簧笔筒（设计者：罗启松）

图 1-5　西湖风景天竺筷（杭州天竺筷厂）

20 世纪初，我国的竹器产品开始在国际上打响声誉，在国际博览会上获奖颇多。如 1915 年的巴拿马国际博览会上，邵阳竹编、成都瓷胎竹编获银奖，新会竹篨画扇获金质奖。1919 年巴拿马国际博览会上，四川江安蔡金山制作的竹篮获优胜奖。常州蓖箕荣获 1926 年费城国际博览会金质奖章。

新中国成立后，我国竹产品在国际上声誉日益扩大，在 1952 年莱比锡国际博览会上，益阳水竹凉席获得银质奖，自贡竹丝扇获得 1953 年国际博览会的金奖，竹产品成为出口创汇的重要来源。

竹材被我国大量用来制作成各种各样的炊饮器具、消暑用具、家具等日常生活器物，这些器物的制作工艺、形制、大小及使用制度，构成了一幅别致的中华民族生活风俗图和中华文化景观，显示出中华文化的强烈理性特征，体现了中华民族生活艺术化的情趣。

1.1.3 现代工业时代的竹产品

在手工业时代，传统竹产品需求量大，竹产品的制作得到了蓬勃发展。传统工艺下的竹产品，都是传统手工艺者独立手工制作而成，是每一位师傅个人技艺的充分表现。制品的好坏与价值，完全取决于制竹艺人在制作过程中所投放的责任、心血和自身所具备的技能，技能在这里发挥着主要作用。改革开放后，工业化大生产来临，人们需要更为便捷地获取和使用产品，因为制作程序的复杂和艰辛，习艺过程的枯燥和漫长，传统手艺下的竹产品渐渐淡出了我们的生活，被更加实用的塑料和金属产品所取代，围绕传统竹产品形成生活方式和习俗悄然退出历史舞台。如浙江杭州临安的三口竹编在 20 世纪七八十年代享誉海外，产品销往日本等东南亚市场，在欧美倍受青睐。当时，一个不到一万人的小乡，从事竹编工艺的就有 1500 多人，生产的竹编工艺品种繁多，有各类动物、插花器、花盆套、盘子、盒子、野餐箱、仿古制品、天然黑竹竹制、食品包装盒、服装包装盒等。然而 2016 年 3 月笔者前去实地考察时，只有在村文化礼堂里还展示着少量竹编产品（图 1-6），并且都是积灰，可见已经很久没人关注了，与当地人交流中得知老手艺人也都不做了，曾经辉煌的三口竹编厂也早已关闭，非常可惜。

图 1-6 临安三口竹编猫头鹰

从竹产品存在形式看，一方面一些传统竹产品消亡已是不争的事实，它们或完全不见踪迹，或存在于博物馆、展览馆，又或只能在相关书籍上窥探一二。这方面我国也重视传统竹产品制作的传承保护，认定了竹刻、嵊州竹编等一批非物质文化传承技艺，以及曾剑潭、俞樟根、何福礼等一批传统竹产品制作相关传承人；另一方面相当一部分的竹产品，特别是生活日用竹产品（图 1-7），由于其低廉的价格、耐久实用性还得以保存并延续，大部分是由民间竹匠出于个体生存需求、个人情感、邻里需要而制作，然而民间竹匠大都是年龄较大的长者，几乎没有年轻人；再一方面，部分制作工艺复杂精巧的传统竹产品由曾经的大规模应用转向艺术创新应用，如毕生研究竹编新技术和竹编系列工艺新产品的竹编大师刘嘉峰，是国家级非物质文化遗产传承人，也是中国竹编字画创始人，为瓷胎竹编、竹编字画、双面竹丝编的发展作出了杰出贡献。他创作的《虢国夫人游春图》竹编挂屏的竹丝精度为每平方厘米 48 丝，是一件以竹编表现工笔画的作品。作品中借鉴织锦的织造原理和特殊技法，用黑、白、灰、浅黑、浅灰等五种色彩表现马的毛色，是其一大创新。画面中的人物五官、衣饰、印章等的表现，虽难度极大，但仍做到编织精细、线条流畅（图 1-8）。

图 1-7 竹箩筐

图 1-8 虢国夫人游春图（作者：刘嘉峰）

此外，随着机器生产新科技的出现，一些制作工艺由新技术取代，如竹凉席，现代大部分都是机器加工生产，即使没有学过篾匠工艺的工人，也能编出精美的凉席产品，同时竹产品的类型与形制也得到了发展，出现了竹型材，延伸出了许多新的竹产品，如整竹展开制作的砧板（图 1-9）、竹集成材制成的花架（图 1-10）、笔者学校制作的薄竹皮录取通知书（图 1-11）等。

源远流长、丰富多彩的中国竹文化，历经数千年的历史发展，在中华民族精神长河中留下了深长的历史投影。随着传统文化复兴及其在生产和生活的实践，它正以蓬勃的生命力实现同现代文化的融合，以形成中华民族与时俱进的文化意识和品格。

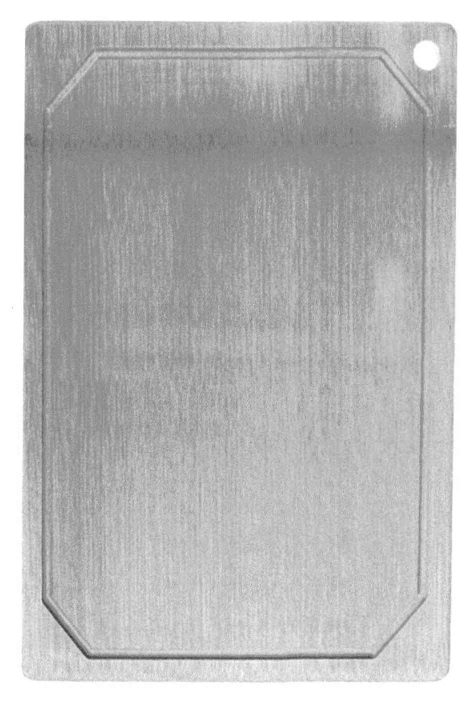

图 1-9　竹砧板

图 1-10　竹花架

图 1-11　薄竹录取通知书

1.2 竹产品专题设计概论

1.2.1 产品

产品是指能够供给市场，被人们使用和消费，并能满足人们某种需求的任何东西，包括有形的物品，无形的服务、组织、观念，或它们的组合。在工业设计中的产品是指用现代化设备批量生产出来的物品，是根据社会和人们的需求，通过有目的的生产创造出来的人类智慧结晶，如各类家居、生活、办公、交通等用具。

产品是一个错综复杂的综合体，凝聚了材料、技术、生产、管理、需求、消费、经济、文化等方面的因素，作为人类服务的工具，是实现和满足人们对美好生活的期待而发展形成。每一件产品都是现代科学技术、文化艺术、生活方式和价值观念的体现，也是人们改造自然和社会的具体实践。

随着社会经济的发展，人们对产品有了更多的认识，也有了更多的需求，从认知层面看，产品可分为核心利益产品层、有形产品层、期望产品层、延伸产品层和潜在产品层五个层次（图 1-12）。

1. 核心利益层次，是指产品能够提供给消费者的基本效用或益处，是消费者真正想要购买的基本效用或益处。

2. 有形产品层次，是产品在市场上出现时的具体物质形态，主要表现在品质、特征、式样、商标、包装等方面，是核心利益的物质载体。

3. 期望产品层次，就是顾客在购买产品前对所购产品的质量、使用方便程度、特点等方面的期望值。

4. 延伸产品层次，是指由产品的生产者或经营者提供的购买者有需求的产品层次，主要是帮助用户更好地使用核心利益和服务。

5. 潜在产品层次，是在延伸产品层次之外，由企业提供能满足顾客潜在需求的产品层次，它主要是产品的一种增值服务。

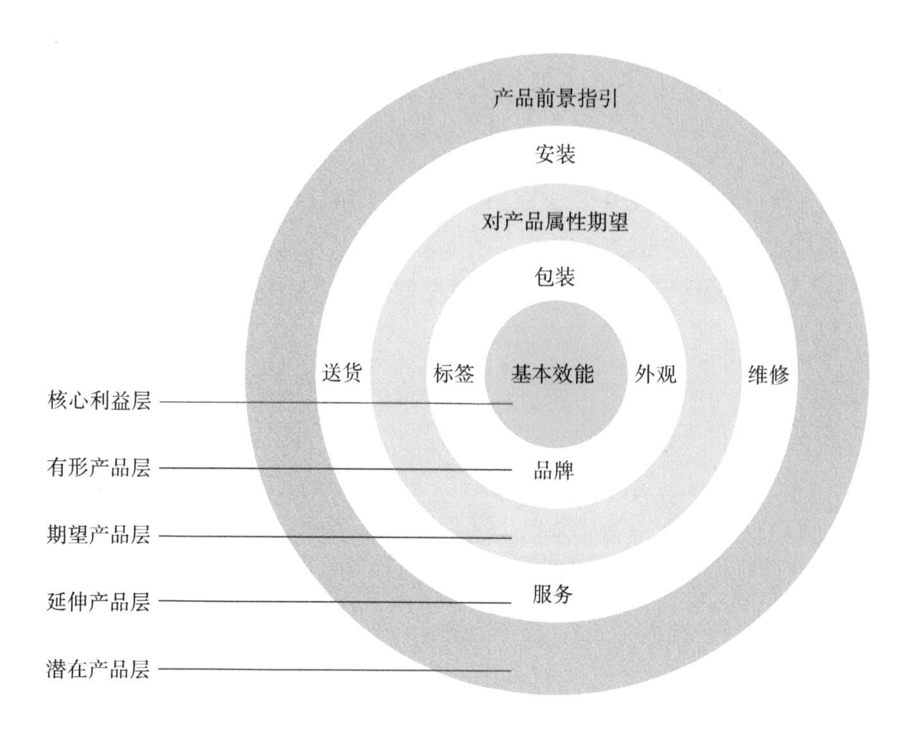

图 1-12 产品认知层次

与生物体相似，产品是有生命的，在市场营销学中称之为“产品生命周期”，指的是一个新产品从进入市场到最后淘汰退出市场的全过程，就常规性产品而言一般要经历开发、导入、成长、成熟和衰退 5 个阶段（图 1-13）。

1. 设计研发阶段：指产品设计生产过程，企业处在投资阶段。

2. 产品市场导入阶段：指在市场上推出新产品，产品销售呈缓慢增长状态的阶段。在此阶段，销售量有限，并由于投入大量的新产品研制开发费用和产品推销费用，企业几乎无利可图。

3. 成长阶段：指该产品在市场上迅速被消费者所接受，成本大幅度下降，销售额迅速上升的阶段，企业利润得到明显的改善。

4. 成熟阶段：指大多数购买者已经拥有该项产品，产品市场销售额从显著上升逐步趋于缓慢下降的阶段。一般来讲这段时间持续最长，同类产品竞争加剧，为了维持市场地位，必须投入更多的营销费用或发展差异性市场。由此，必然导致企业利润趋于下降。

5. 衰退期：是指销售下降的趋势继续增加，而利润趋于零的阶段。

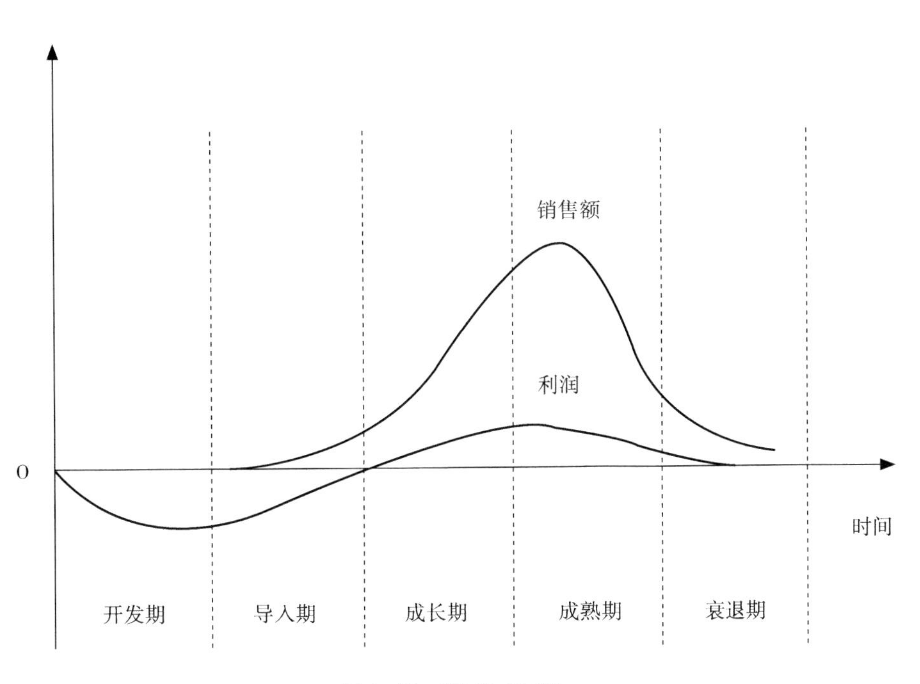

图 1-13　产品生命周期

产品生命周期是市场营销学中的一个重要概念，也是企业制定新产品决策的重要依据，研究产品生命周期可以使设计师更好地了解其产品的发展趋势，在产品生命周期的各个阶段采取相应的设计开发，以不断扩大销售额和利润。产品生命周期理论还可以指导企业适时地开发新产品，淘汰老产品，提高产品的竞争力。

1.2.2　产品设计

作为一门独立完整的现代学科，产品设计经历了 19 世纪下半叶长期的酝酿和探索阶段，直到 20 世纪 20~30 年代正式形成和确立，并在之后走向成熟。产品设计，是一个创造性的综合信息处理过程，通过多种元素如线条、符号、数字、色彩等方式的组合把产品展现出来，将人的某种目的或需要转换为一个具体的物体或工具，它是把一种计划、规划设想、解决问题的方法，通过具体的操作，以理想的形式表达出来的过程。

艺术创作是个人化的意愿表达，解决艺术家自身如何看待外界事物，如梵高的画作《星空》(图1-14)；科学研究是科学家对事物基本规律的挖掘与表达，解决人们该如何认知和管理事物，如科学家一直在研究蛋白质和DNA以揭示生命密码；工程技术则是研究物与物之间契合，解决物与物之间的关系，如机床中齿轮的啮合；产品设计则是为社会大众服务的，要综合运用艺术创作、科学规律和工程基础，将艺术造型融入生活产品中，将抽象的科学原理结合工程技术应用到实用产品中，通过设想、计划创造新产品，不断平衡世界中的人、物、社会、环境的关系(图1-15)。产品设计关注产品如何运转、如何操控，以及人与产品之间的互动机制。设计得合理，会产生出色的、令人愉悦的产品，而设计得不好时，会产生不好用的、令人沮丧的产品。

图1-14 星空(作者：梵高)

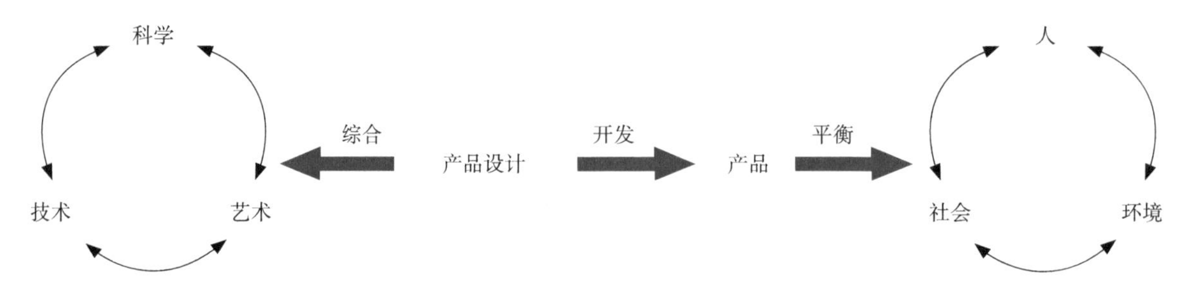

图1-15 产品设计中各要素的关系

产品设计核心是创造性地发现和解决社会生活中各种已知与未知的问题和需求，表面上看设计的是具体产品，其实际上设计的对象是人，产品作为人类生活方式的物质载体，不是设计的目而是实现目的的手段。因此，产品设计师的工作就是在综合各种因素的前提下，设计的是“事”（生活、工作、学习、娱乐、交流等），并通过产品将它落实到具体的“物”上，在“事”与“物”的交响中，精神观念得以显现。“事”与“物”构成了我们人类社会的全部可见部分，加上它们承载的意义、价值、象征等精神层面，就构成文化（图 1-16）。

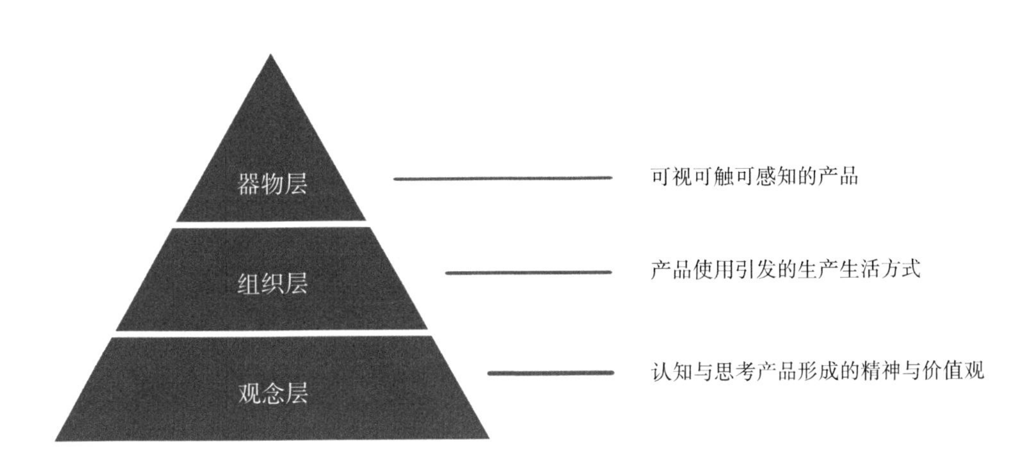

图 1-16　产品设计文化三层次

1.2.3　竹产品专题设计

产品专题设计是围绕具体产品或设计的类型与形式展开的一系列设计活动。产品专题设计按照风格划分可分为现代主义、极简主义、波普风格、后现代主义等；按照理念划分可分为绿色设计、体验设计、情感设计、系统设计等；按照产品创新程度分可分成改良设计、开发设计、概念设计等；按照设计过程模式则可分为整合设计、线性设计、并行设计等；若以材料划分则可以分成塑料产品设计、金属产品设计、竹产品设计、木产品设计等。

竹产品曾经在我国的普通生活中随处可见，如今以竹制作成的产品甚少看到。随着传统文化的兴起，一大批人又将目光转移到竹产品上，为适应现代人的生活，竹产品的开发不能仅是传承传统的竹器文化，更是要面向当代社会创新竹器文化。竹产品专题设计是围绕竹材、以竹为主要设计材料展开的产品设计，在工业设计的理念框架下表现为围绕竹材以满足终端消费者已知或未知需求为目的，以批量规模化的高效生产为途径的产品概念研发和方案设计。它包含竹产品项目决策与规划、设计调研与创意提炼、设计具体展开与深化、打样与生产制造、推广及销售等，其中工业设计师应在整个设计活动中发挥非常重要的作用。

一直以来传统竹产品未能受到足够的重视，长期被当作民间工艺品和民间美术来看待，导致竹产品的研究长期处于边缘状态，与现代设计世界相脱节。直到改革开放后，现代设计理论与思想被由柳冠中老师为代表的一批工业设计教育先驱从德国、日本等发达国家引入后，竹产品的设计研究才逐步受到关注，开始有学者与企业人士展开竹产品的设计分析与创新研究。目前就深度和广度而言都还处于初步阶段，而将竹产品的设计作为专题引入课程教学中则就更少了。总体上看，目前竹产品设计研究主要有三大方向：传统工艺设计传承、传统竹产品再设计和基于现代工艺的竹产品创新设计。

传统工艺设计传承研究旨在挖掘延续传统竹产品的设计方法，运用传统的工艺技法保持传统的造物理念和形式主题，以“传统”继承好“传统”，保护传统竹产品的设计制作工艺，重点在传承与保护上，避免其消亡，如杭州手工艺活态馆不定期地会邀请竹艺传承人进行活态展示与传统竹艺设计宣传。

传统竹产品再设计就是对传统手工艺在当下社会环境的重新解读，通过探索传统竹工艺与当代设计相结合，运用现代设计思维对传统竹产品的形制、认知、制作工艺进行重新设计，在造物理念、时代审美、功能和工艺创新上与时代同步，使传统竹产品再次纳入人们的消费视野，焕发新活力。中国美术学院工业设计系章俊杰老师创立的素生品牌，对江南地区的竹编现状进行多次考察，研究精细竹编的生产过程和工艺，创造性地诠释传统竹产品的现代意味，探讨将传统竹产品融入现代家居生活中的可能性。如图1-17所示，豆DOU吊灯利用了竹编的天然弹性，利用笼编单体拼接，形成有机的圆形形态，这样组成的整体富于生命感，并不拘于一式，形成组群美感；该灯以“光”作引，搭配竹编灯罩，使透过的灯光柔和无比。

图1-17　豆DOU吊灯（素生品牌）

当前，随着竹材加工与制造工艺的不断提升，现代竹材已不仅仅局限于原竹材，目前我国已经开发出竹整张、重组竹、竹集成材、刨切薄竹等竹型材，不同的型材制作工艺、炭化、染色及不同漂白程度都使竹型材表现出不同的表面形态特征，通过设计可表达出现代、时尚、科技等丰富的“表情”。现代工艺竹产品创新设计即以市场需求为导向，综合利用各种竹型材，巧妙运用形态、色彩、材质、表面处理等元素，开发富于浓郁现代气息的竹创意产品，提高竹产品竞争力。TEORI是日本的一家专门制造竹产品的品牌，2007年的时候曾策划针对竹集成材进行设计和探索，最后设计成型的20多件竹产品在当年的东京设计周的Design Tide展区进行展览。此次项目中大部分竹产品都作为品牌主打产品进行生产销售，为公司产生了巨大的商业利益。推出的竹产品几何构造性强，充满现代感，一些作品上还搭配了色彩与竹纹相对比，视觉效果轻盈美丽，图1-18的竹碗，看上去像个美丽的坚果，让人有一种很想将它捡起来的冲动，外表的涂饰基于日本传统的色彩，通过简单的设计表现除了现代、时尚又可爱的感觉，即使只是随手放置，也是一个非常好的装饰品。图 1-19（左）为 TEORI 品牌设计的船形竹果盘，将 10 片竹片拼合成船的形状，现代而简约，像是一叶扁舟停泊在那里，显得轻巧而放松，反之图 1-19（右）传统的竹根船形果盘，就显得粗糙、笨重而呆板。

图 1-18 竹碗（日本 TEORI 品牌）

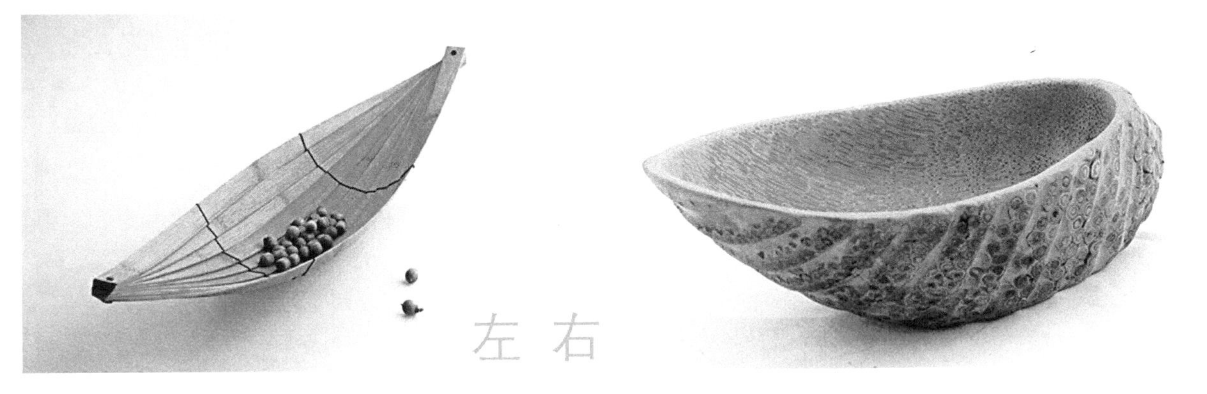

图 1-19 船形竹果盘对比

100 多年前现代产品设计的起步与发展本身源自于传统手工艺，如今将产品设计的理论与方法导入竹产品的设计中，可以视作是现代设计思想反哺竹产品这一传统工艺的有益探索，使其在新时代中走入寻常百姓人家，重新焕发生机。

02

第 2 章　竹产品专题设计训练

第2章　竹产品专题设计训练

2.1　竹材认知专题

2.1.1　设计课题1　竹材表面形态认知

1. 课题要求

课题名称：竹材表型分类及认识

课题内容：竹材表面的纹理效果认知

教学时间：6个学时

教学目的：1. 了解竹材的基本构成以及其物理性质。

2. 了解竹材表面形态以及其应用用途。

3. 分析比较竹材表型替换的特点。

作业：将竹材纹理应用于某一款产品，并比较两者异同。

作业要求：1. 寻找一款产品，尝试多种表面纹理进行替换。

2. 充分比较不同纹理的特点。

2. 知识点

（1）竹子的构成

竹，是一种可再生资源，生长一般3~7年，成材时间短；它可以用来编织各种生活用具，制作各种家具，可以用来造房子造纸，生产活性炭；竹叶可以用来提取竹叶黄酮，生产药品；竹笋可以食用，竹根可以用来雕刻艺术品等。而毛竹是我国分布最广、面积最大的竹种，具有秆形通直、材性优良、速生丰产、用途广泛、再生能力强、经济价值高和可持续更新等特点。

通常我们说的“竹子”，指竹类植物的整株，包括竹叶、竹枝、竹秆、竹篼、竹根、竹鞭等六个组成部分（图2-1）。

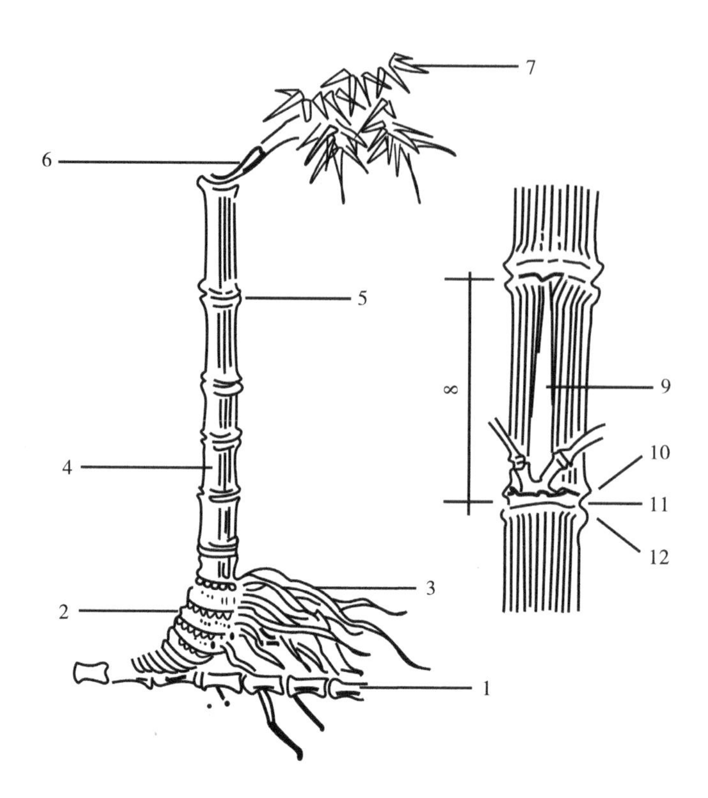

图2-1 竹子各部分（选自《竹工技术》/作者：朱新民、范道正 /1- 竹鞭，2- 竹篼，3- 竹根，4- 竹秆，5- 竹节，6- 竹枝，7- 竹叶，8- 间节，9- 凹槽，10- 秆环，11- 节内，12- 箨环）

竹秆，是指竹篼以上的竹秆部分。不同竹种的秆部外形也不同，如龟甲竹其竹节走向纹理就区别于毛竹的竹节；黄秆乌哺鸡竹的竹秆颜色由黄绿两种组成，纹理也很特别；如湘妃竹、紫竹等的竹秆部分的纹理颜色都较特别。竹秆，大多是中空有节的圆形或椭圆形。竹秆笔直，上细下粗，顶端向下弯垂。通常人们称呼的竹子，主要指竹秆。

竹节，是指竹秆上环形分布的突起的部分。

竹篼，是指竹秆的下端部分。竹篼节多而节间短，竹根与竹篼连成一体。

竹鞭同竹篼相连，是竹子生长的关键部位。它的生长优劣，直接影响到竹林的发展和竹材质量。

（2）竹材表面形态认识

1）传统原竹表面形态

在竹题材的产品设计过程中，创造力的获得，并不一定要站在时代的前端去思考，如果能够把眼光放得足够长远，在我们身后，也许也一样隐藏着创造的源泉。传承与创新并不对立，原竹器具文化是原竹器具的灵魂，是人们对自然气息的记忆与温暖。尽管竹子不是代表生产力的材料与工具，不能推动时代的发展，但是就其历史而言，竹子在中国文化的发展中有特殊的意义。拥有竹材表面形态的产品多种多样，最早期的竹产品为原竹器具，主要采用竹子的竹秆部分制作，除了表面纹理、圆形截面、笔挺柱形和外凸的有节奏的竹节都是竹秆表面纹理的特点，如图 2-2 和图 2-3 分别为传统和现代的利用竹秆表面形态特点设计制作的竹椅产品。

图 2-2　传统的原竹产品

那么竹秆的内部结构是怎么样的呢？将一段竹秆劈开，即可清晰地看到竹秆内部的两个基本组成部分：竹壁和节隔（图 2-4）。

从竹秆的横断面看竹壁，由外向内可分为竹青、竹肉、竹黄三层。

竹青，是竹壁的最外层，纹理细而密，质地坚韧，表面光滑并附有一层薄薄的腊质。幼年竹的竹秆表皮呈绿色，老年竹或砍伐过久的竹秆呈黄色。竹青层是由紧密排列的长柱状细胞组成的，所以最适合劈篾编织。

竹肉，指竹青与竹黄之间的部位，也可称为竹壁中部。其纹理较粗糙，质地较松软。劈制篾和丝时，越靠近竹青部位，越柔韧质量越好；越靠近竹黄层的，越硬越脆质量也越差。

竹黄是竹壁的最内层，组织较疏松，质地脆硬大多为淡黄色，一般不用于劈篾丝，俗称象牙色。纤维在竹子的各部位分布不同，使各部位的质量也不同。经对比实验，竹秆中部的竹材质量最好，韧性强，劈裂性较好。

图 2-3　现代的原竹产品

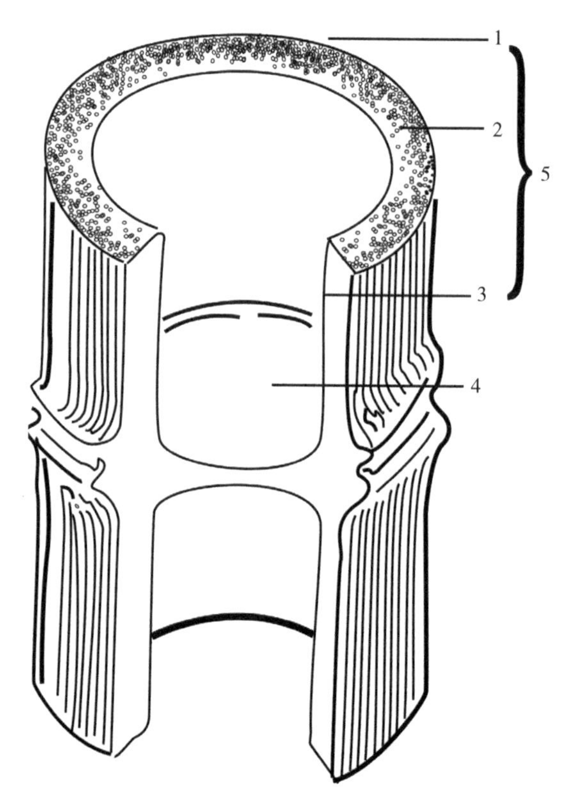

图 2-4　竹秆内部构造（选自《竹工技术》/ 作者：朱新民、范道正 /1- 竹青，2- 竹肉，3- 竹黄，4- 节隔，5- 竹壁）

上面所提到的篾和丝，都为竹编织的原材料。竹秆部分可以制成各种各样的框架，而竹篾和竹丝可以编制成一些带有软性的产品，如用细小的竹片条可以编制凉席或者各种生活用具，20 世纪 70 年代在上海江浙一带平常人家的覆盖率很高。如图 2-5 为一些日常的编制产品，图 2-6 为自然家品牌推出的竹丝扣瓷。

图 2-5　日常竹编产品

2）竹集成材表面形态

原竹本身的材质特点就可以制作成各种各样形态和用途的产品，呈现出各式各样的表面形态，给人或以亲切实用的感觉，或精巧细致的视觉感受。而随着工业技术的发展，在传统手工艺的基础之上，竹材还有其他的表现形式，给我们带来另一番产品视觉感受。

随着现代技术的发展，竹材脱离了传统原竹的局限，竹集成材是一种新型的竹型材，它以竹材为原料加工成一定规格的矩形竹片，经三防处理（防腐、防霉、防蛀），干燥和涂胶等加工工艺的处理，将同一纤维方向组坯胶合而成竹质板方材（图 2-7）。

图 2-6　竹丝扣瓷（自然家品牌）

图 2-7 竹集成材方材

竹集成材的最小组成单元为竹片，不同组坯方式可形成不同的方材，而根据纹理色彩，可分为碳化竹拼板材、本色竹拼板材和斑马纹竹拼板材等，根据结构类型有平压板材、侧压板材、工字板材等。常见的竹集成材的种类和形式见图 2-8，竹集成材既继承了竹材的物理化学特性，同时又有自身的特点，图 2-9 为橙舍品牌推出的竹集成材小茶几。

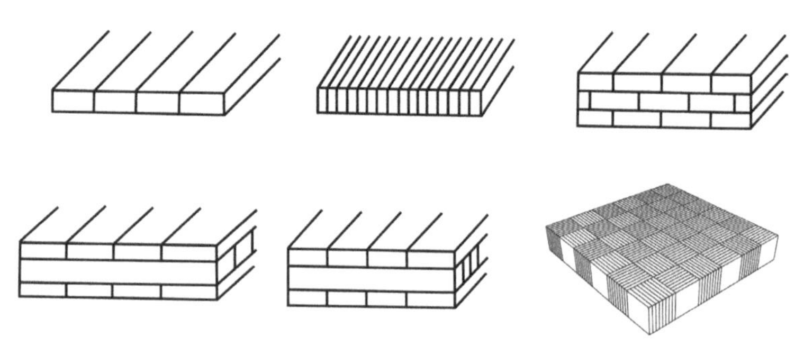

图 2-8 常见的竹集成材结构

3）重组竹

重组竹（又称竹重组材或重竹，也称丝竹板）（图 2-10）是一种将竹材重新组织并加以强化成型的一种竹质新材料，其是竹条经碾搓设备加工为横向不断裂，纵向松散二交错相连的竹束，然后干燥、施胶、组坯、热压而成的一种强度高、规格大、具有天然竹材纹理结构的新型竹材。

图 2-9 竹集成材小茶几（橙舍品牌）

图 2-10 竹重组材

重组竹能充分合理地利用竹材纤维材料的固有特性。生产工艺的特殊性，既保证了材料的高利用率，又保留了竹材原有的物理力学性能，材性及应用也有其密度高、强度大、变形小、刚性好、握钉力高、耐磨损等特点。重组竹的物理力学性能与珍贵硬木接近，某些方面甚至超过了红木，触感与红木相同，质感温润，纹色美丽，滑爽宜人，除了可用于作为承重构件、地板等产品以外，也非常适合用于新中式家具设计，如图 2-11 为杭州的竹之信仰品牌设计开发的重组竹梳背椅。

图 2-11 重组竹梳背椅（竹之信仰品牌）

4）薄竹皮

从竹材到竹皮，可通过旋切方法制成旋切薄竹皮，也可通过刨切方法制成刨切薄竹皮。目前常用的方法为刨切竹皮的制作工艺，刨切薄竹是精选竹片并经胶合成竹方再通过刨切机加工而成的竹薄片，常规的刨切竹皮厚度有 0.3mm、0.5mm 和 0.6mm 等。从加工程序上又分为：平压（宽条纹）和侧压（窄条文）两种花纹，平压的板材可以看见竹节，侧压的则看不见竹节。

单层的薄竹皮存在脆性大、强度低、易破损、幅面小等缺点，为克服上述缺点，可将薄竹与无纺布等柔性材料粘合，通过横向拼宽或纵向接长而制成大幅面薄竹或成卷薄竹，不但可以改善薄竹的脆性，增加其横纹抗拉强度，而且可使其整张化，既便于生产、运输，又利于产品加工使用。薄竹具有特殊的质地和色泽极佳的装饰效果，既可用于家具的饰面，如中密度纤维板、刨花板、胶合板、地板等的高档贴面材料，也可以用于独立开发产品，实现竹材的高增值。

根据竹皮颜色分主要有本色和炭化色。本色为竹子最基本的颜色，亮丽明快；炭化色与胡桃木的颜色相近，是竹子经过烘焙转变而成的，依然可见清晰的竹纹，且炭化竹表面会因炭化程度的不同呈现不同的颜色深浅程度。图 2-12 左为本色平压竹皮，右为本色侧压竹皮，图 2-13 左为炭化平压竹皮，右为炭化侧压竹皮。

图 2-12 本色平压竹皮和本色侧压竹皮

图 2-13　炭化平压竹皮和炭化侧压竹皮

如图 2-14 和图 2-15 根据纹理花色的不同还有混拼竹皮和编织竹皮，其中编织竹皮都为机器编织，表面产生凹凸感，触摸并非完全平整。

图 2-14　炭化与原色侧压混拼竹皮

图 2-15　不同类型的竹编竹皮

5）竹展平板

竹展平板指将竹筒在压力作用下展开成连续平直状的竹片，表面为一整张的竹周长效果，竹节为原竹生长时的自然竹节。其基本制作过程是将竹材锯段，去除内竹节和外竹节，去竹青，再软化后通过展平机展平，由于展平后的竹子仍具有一定的塑性，因此会有反弹变形的情况出现，造成产品的质量问题，因此需要用热压定型、加压冷却定型等方法进行后续的定型处理，以保证板材的平整。竹展平板可直接作为型材进行产品设计开发，也可作为新型材料进行深加工后制成其他各类人造板产品（图2-16）。

图2-16　整竹展开的纹理效果

3. 案例解析

电子产品总给人一种工业化、科技感的印象，而随着电子产品的越来越普及，金属的冰冷感映入眼帘，在长久对着金属产品的时候，我们尝试着将其表面形态进行实验性的替换，以寻求一种理性科技与温暖自然相契合的视觉效果。

鼠标是我们现代化办公生活中很常见的用品，多为塑料材质。整竹展开的表面效果为普通的鼠标产品增添了一份优雅感的工艺美感，更体现了自然竹纹理的呼吸之感。目光所及自然原生态的有温度的纹理线条让我们在繁忙的工作之时更轻松自在（图2-17）。

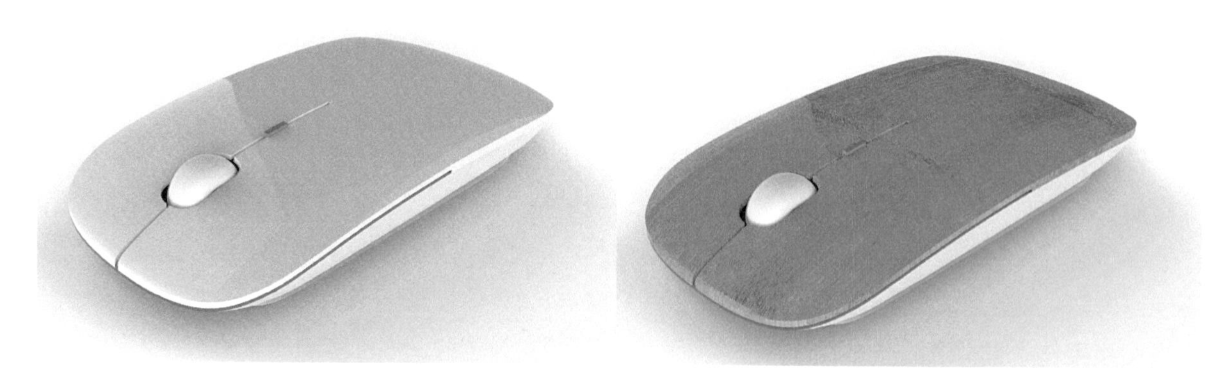

图 2-17　塑料鼠标与竹展开鼠标的效果对比

现在手机覆盖率特别高，出于对手机的保护，手机壳市场也在日益壮大。手机壳的效果多种多样，作为私人物品的配件，风格各异，有可爱的、潮范的、复古风格的、时尚流行的等。竹材质也有很多有意思的纹理效果，图 2-18 将侧压纹理应用到手机壳工艺，与塑料外壳相比呈现出不一样的产品效果。

图 2-18　塑料手机壳与侧压竹板手机壳的效果对比

加湿器是日常家居小产品中尤为常见的一类，其外观材质多为塑料质感，作为家居用品，我们尝试将其外观形态改变为平压竹纹理。对比效果，平压竹纹理更有呼吸自然的质感，将高雅质感与白色塑料边框搭配，活泼而不沉闷（图 2-19）。

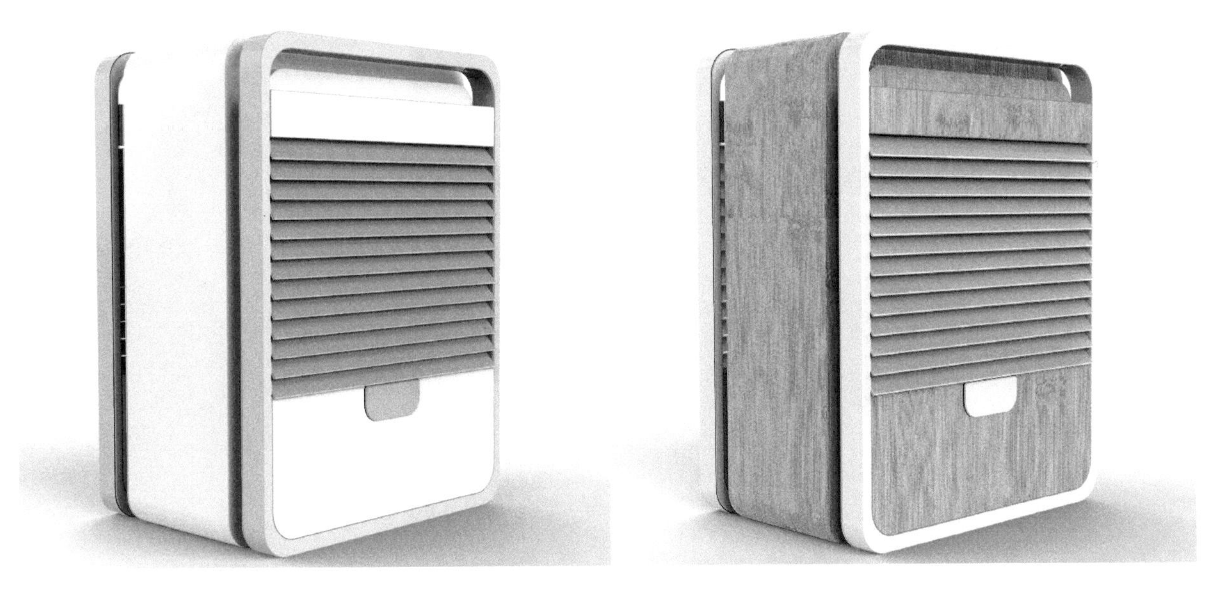

图 2-19 塑料加湿器与平压竹板加湿器的效果对比

4. 设计实践

实践训练：选择一个常见的工业产品并用竹材替换其表面，比较其效果。

设计要求与步骤：

（1）确定产品类型

讨论思考有哪些工业产品的表面形态可用竹材替换，并确定要替换的对象。

（2）明确具体产品

在确定的产品类型中，寻找一个现有的用于替换的产品。

（3）竹材表面形态纹理搜集

通过网络与实地拍摄扫描，搜集可应用的竹材纹理。

（4）表面形态应用

选择两到三种竹表面纹理，应用于产品中。

（5）尝试比较不同竹表面形态与原产品表面形态的应用效果。

2.1.2 设计课题 2 竹材结构重塑

1. 课题要求

课程名称：竹产品结构重塑训练

课程内容：竹产品结构重塑设计

教学时间：6 个学时

教学目的：（1）了解常规的连接结构，榫卯结构等。

（2）了解竹制品在处理连接问题时的方法。

（3）在结构的基础上，对连接结构再设计，应用于具体的产品中。

作业：将一种传统连接结构再设计，并应用到不同的产品中。

作业要求：（1）对所要应用的结构深入了解其原理与特点。

（2）根据产品特点对原有结构进行再设计。

2. 知识点

（1）原竹产品连接方式

1）原竹秆骨架连接方式

原竹秆骨架是原竹产品的主要结构部件，主要撑开架子，起到支撑的作用，通常用竹秆制作，主要连接方法有相并法、梢接法、围绞法、插榫法。

①相并法

相并就是将两根或两根以上的竹秆并合在一起，用竹钉穿并连成一体（图2-20）。这种处理方法，可以增加产品的负重力，且竹钉暗藏，相对比较美观。

其方法步骤为，先将相并竹秆的接触面用篾刀削成平面，使竹秆并拢时削平的竹秆面相互贴合严密，不至于空隙过大。然后将削平的竹秆面合并紧贴在一起，为了实际操作便利，可用绳子将两竹秆扎牢。最后钻孔，取竹钉钉入钻孔中固定。例如，沙发的扶手，用单根竹秆制成往往显得很单调，用两根或者三根竹秆相并制成，造型就较美观，使用也较舒适。

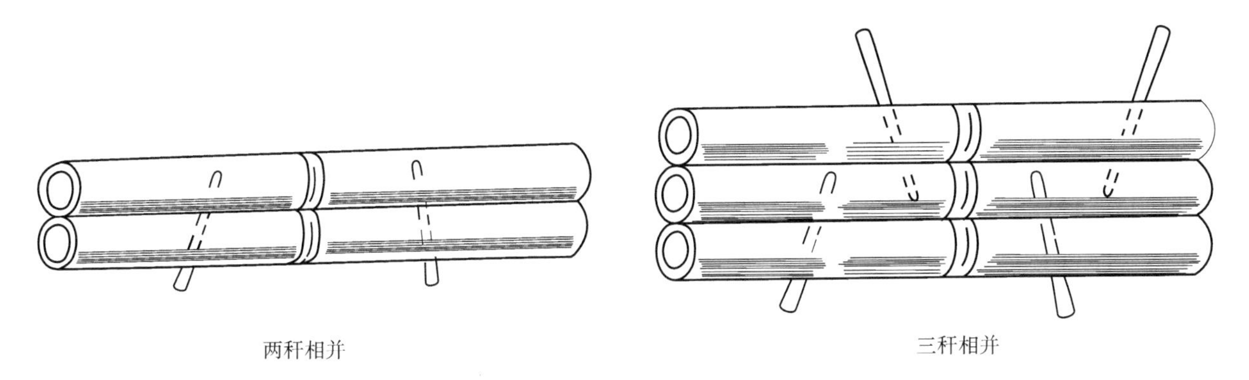

图2-20 竹秆相并示意

②梢接法

当制作产品结构需要将竹秆的端头进行连接时，两端头连接常用梢接法（图2-21）。其主要利用了插梢，在两端头的空腔中，将一根事先削好的圆形木棒或竹段串插在其中，使两端头相连合，再钻孔，钉竹钉固定。常见的形式有一字接、丁字接、十字接等（图2-22）。

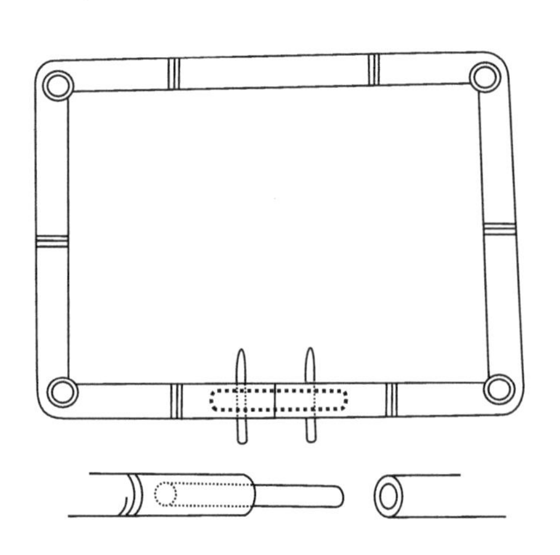

图 2-21 梢接接头示意（选自《竹工技术》/作者：朱新民、范道正）

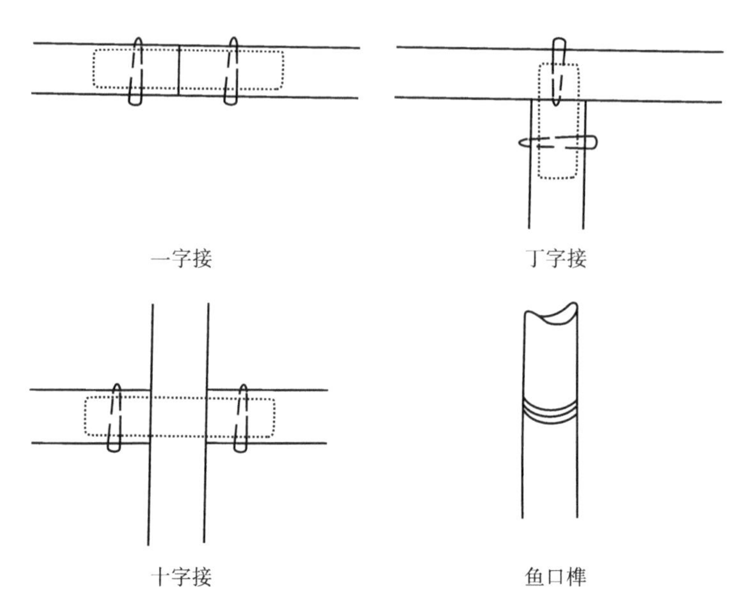

图 2-22 梢接形式（选自《竹工技术》/作者：朱新民、范道正）

③围绞法

围绞法是一种特有的骨架连接结构形式，是制作原竹产品骨架的主要方法。其制作时先削制外围竹秆（也称围子竹秆），再用围子竹秆上的剜口对各个支架竹秆进行包夹（也称围绞、包绞、包接等），然后将两端头连结好。图 2-23 中围子竹秆上有三个剜口与三根竹秆围绞，连接后就成了三方围子竹秆，实际制作时还需要计算好几个剜口的间距，同理可以制作五边形、六边形、七边形、八边形等。

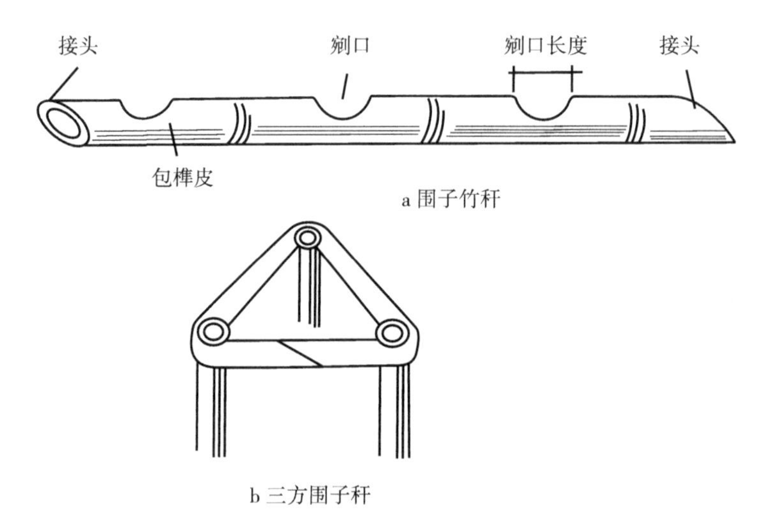

图 2-23 三方围子竹秆（选自《竹工技术》/作者：朱新民、范道正）

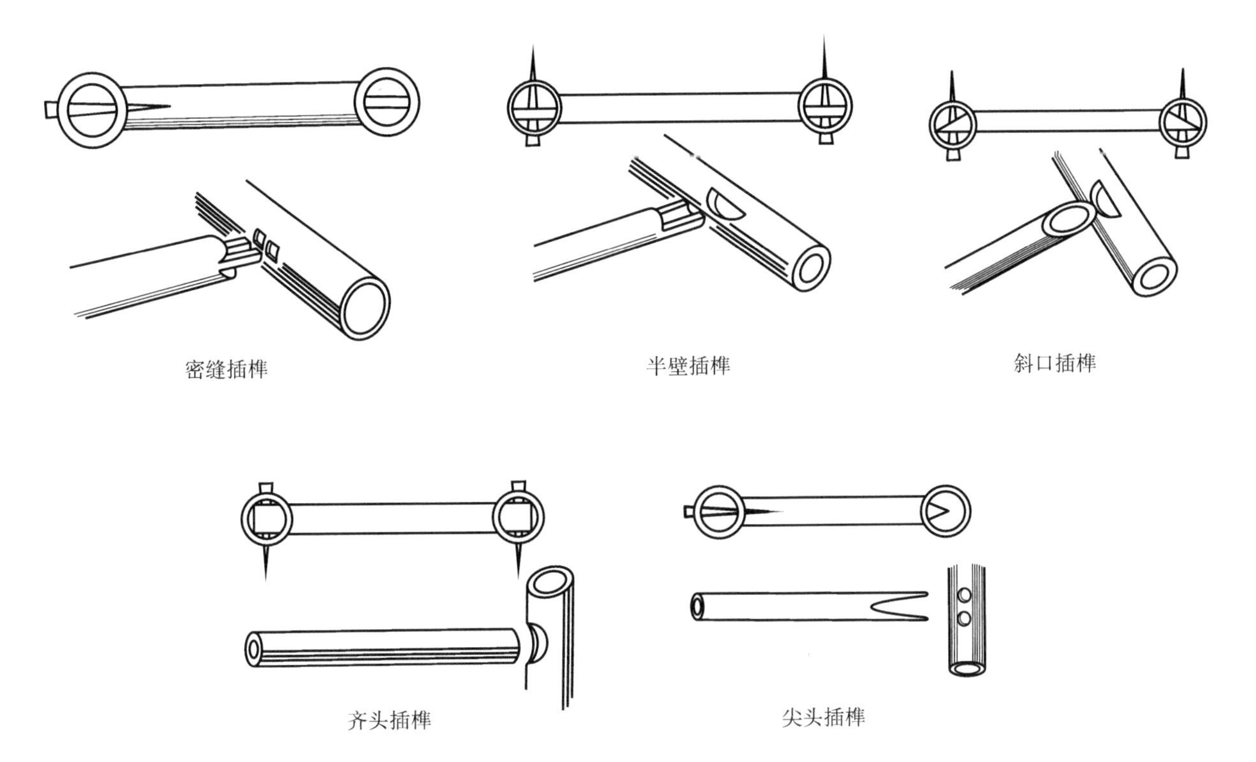

图 2-24 常见插榫方式（选自《竹工技术》/ 作者：朱新民、范道正）

④插榫法

插榫法也是头尾结合的连接方式中的一种，是将榫头插入榫口的一种接合方法。先要把竹衬的端头削成榫头，在榫头安装的相应部位上挖出榫口。主要应用于竹材的安装及骨架的加固等。

根据榫头和榫口的不同，插榫的方式也不同，一般有下列五种常见的插榫方式（图 2-24）。

2）原竹材板面连接方式

原竹材板面是指依附或固定在竹产品骨架上的板状结构部分，大部分是用各种竹条组合成，固定连接方法主要有裂缝穿梢、框槽固定、压条固定、钻孔穿绳等。

①裂缝穿梢

裂缝穿梢法是将竹条锯出缝隙，从中穿进竹梢条，使之形成完整的板面（即裂缝穿梢板）的方法，竹床、方桌等大件的板面主要采用这种方法（图 2-25）。

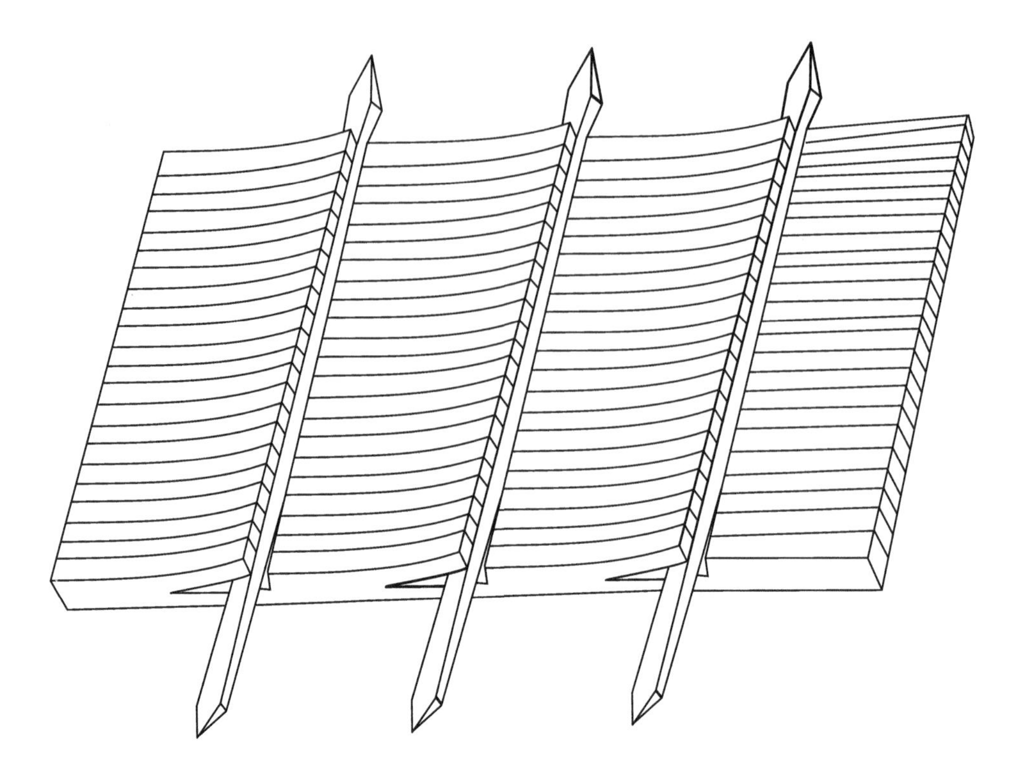

图 2-25 裂缝穿梢法板面（选自《竹工技术》/ 作者：朱新民、范道正）

②框槽固定

框槽固定是一种利用框架竹杆上挖开的槽沟，将竹条（或竹片）穿于其中，并加以固定而制成板面的方法，采用这种方法，板面的竹条不需要做特殊处理，因而比较简单。该连接结构常应用于椅板面、床板面等的制作（图 2-26）。

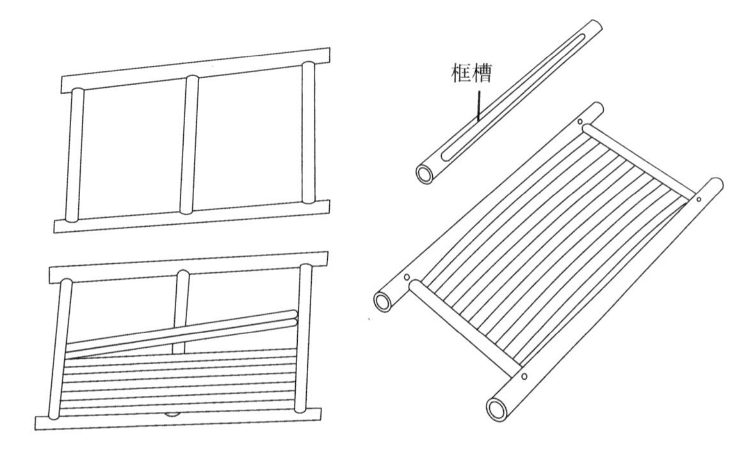

图 2-26 框槽固定板面（选自《竹工技术》/ 作者：朱新民、范道正）

③压条固定

压条固定是将板面竹条摆放在竹衬上，再在竹条的两端头上安上压条，钉入竹钉，使竹条固定制成板面的方法。压条固定的板面相接规则，形成的几何图形整齐、对称、美观，制作也较为简单（图 2-27）。

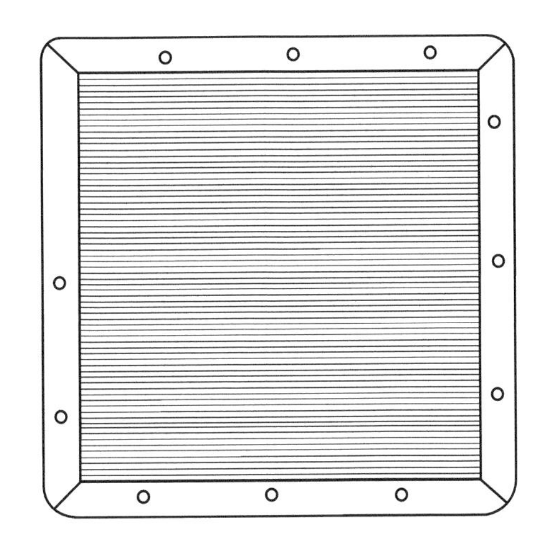

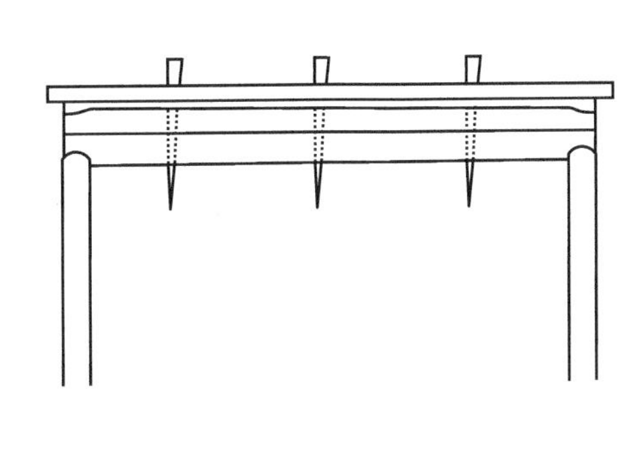

图 2-27　压条固定板面（选自《竹工技术》/ 作者：朱新民、范道正）

④钻孔穿绳

钻孔穿绳连接固定方法可分为两种，一种是在竹条的侧面从中间钻孔，用钢丝或绳索串成板面，常用来制作躺椅。另一种也是在竹条侧面钻孔，将竹条穿绳固定在竹衬上，常用于原竹书架中（图 2-28）。

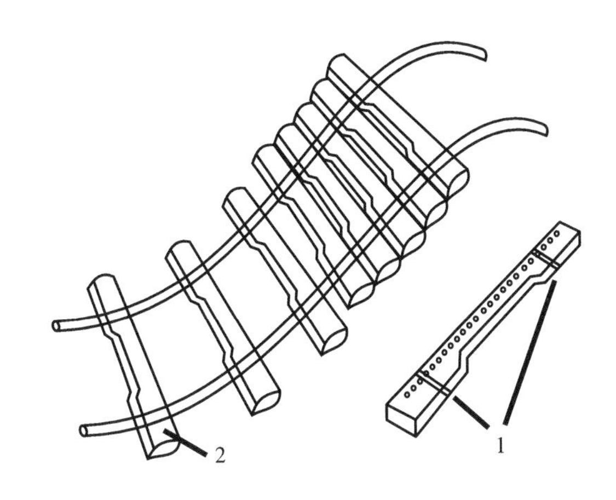

1. 竹条的穿绳孔
2. 躺椅的钻孔穿绳板

图 2-28　钻孔穿绳板面（选自《竹工技术》/ 作者：朱新民、范道正）

（2）现代竹型材连接方式

受竹原料的影响，传统的原材质为原竹，而原竹的连接方式多由竹衬、竹钉、竹梢、绳等物将上述秆与秆之间、秆与竹条之间、竹条与面之间的连接固定在一起。现代竹产品的竹型材多种多样，当原材质为竹集成材、竹重组材和竹展平板等时候，更多的连接结构为榫卯连接或胶合连接。当原材质为薄竹片的时候，其连接方式多为胶合，或薄竹片与薄竹片的胶合连接，或薄竹片与无纺布等柔性材料的胶合连接，一些产品的竹皮贴面也是采用胶合连接的。

中国传统的木作加工工艺堪称登峰造极，先人为我们积累了丰富的经验并沿用至今，可谓是宝贵的文化遗产，也体现出中国人的勤劳智慧，尤其是经典、巧妙的榫卯结合形式更是令人叹为观止。现代竹产品中，由竹型材到产品，其单个的构件需连在一起，可以参考传统木作榫卯的结构。

榫卯结构是指两个构件相连的一种凹凸处理接合方式。榫俗称“榫头”，指木构件上凸出的部分；卯也叫“榫眼”、“卯眼”，是安榫头的孔眼。中国古代建筑、中国传统家具以及其他木制品的主要结构形式便是这种榫卯结构。下面就介绍一下常用的榫卯连接方式。

1）榫各部名称

榫是由榫头和榫眼（槽）两部分构成，各部分名称见图 2-29。

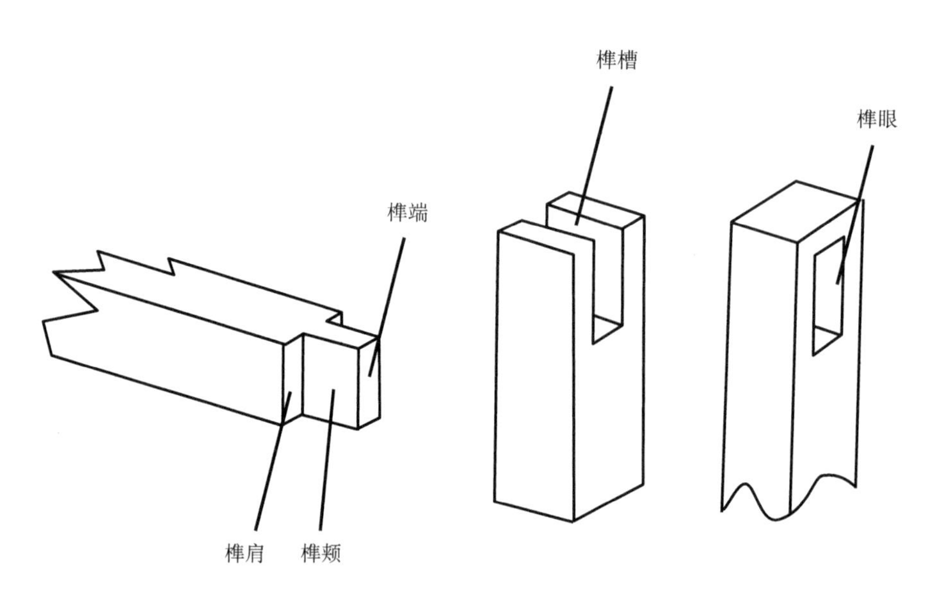

图 2-29　榫各部名称（选自《图解产品设计模型制作》/ 作者：兰玉琪、高雨辰）

2）榫连接基本类型

①按榫头的形状及角度划分，可分为燕尾榫，直榫，斜榫，圆榫（图 2-30）。

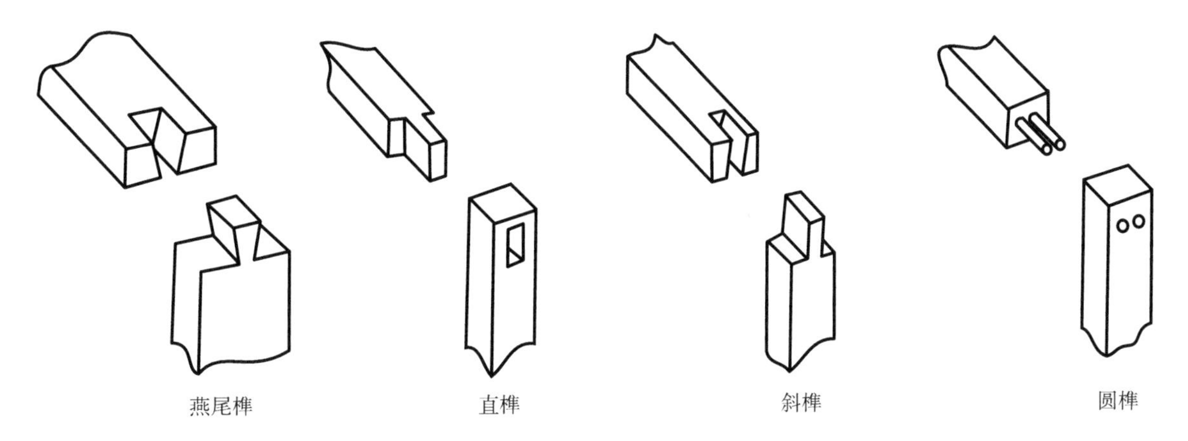

图 2-30　按榫头的形状及角度划分（选自《图解产品设计模型制作》/ 作者：兰玉琪、高雨辰）

瑞士设计师 Andreas Saxer 设计的 Chop Stick 衣架获 2010 年 IF 奖，该设计以筷子为设计原点，在结构上采用燕尾榫的原理，将金属支架卡于木质燕尾槽中起到固定作用，不脱落，不用其他连接件就能挂置衣物。整件作品将传统榫卯结构简化到了极致，且易于拆装和运输，轻巧方便（图 2-31）。

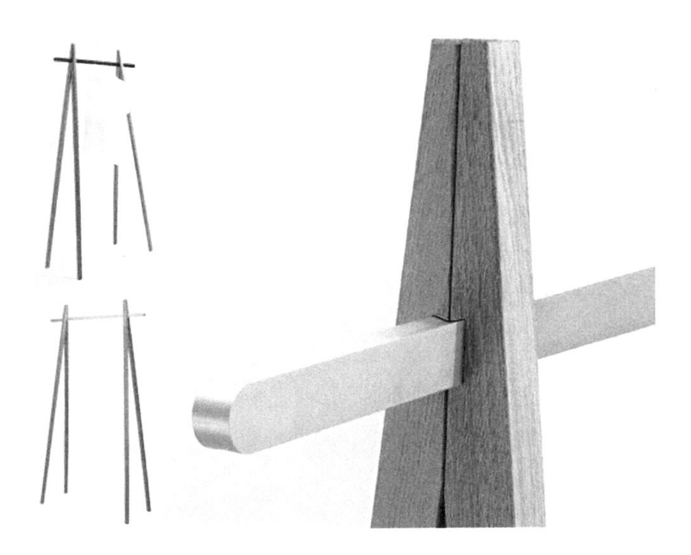

图 2-31　Shop Stick 衣架（设计者：Andreas Saxer）

②按榫头的数目划分，可分为单榫、双榫、多榫（图 2-32）。

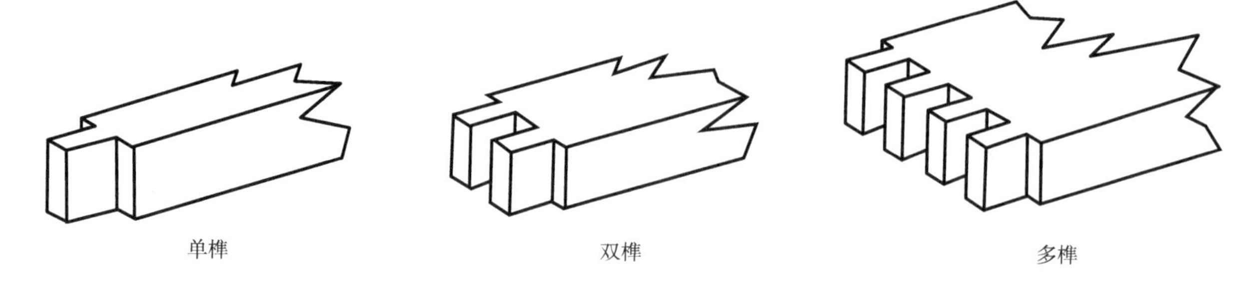

图 2-32　按榫头的数目划分（选自《图解产品设计模型制作》/ 作者：兰玉琪、高雨辰）

③按榫头是否贯通榫眼划分，可分为明榫结合（贯通榫结合）、暗榫结合（不贯通结合）（图 2-33）。

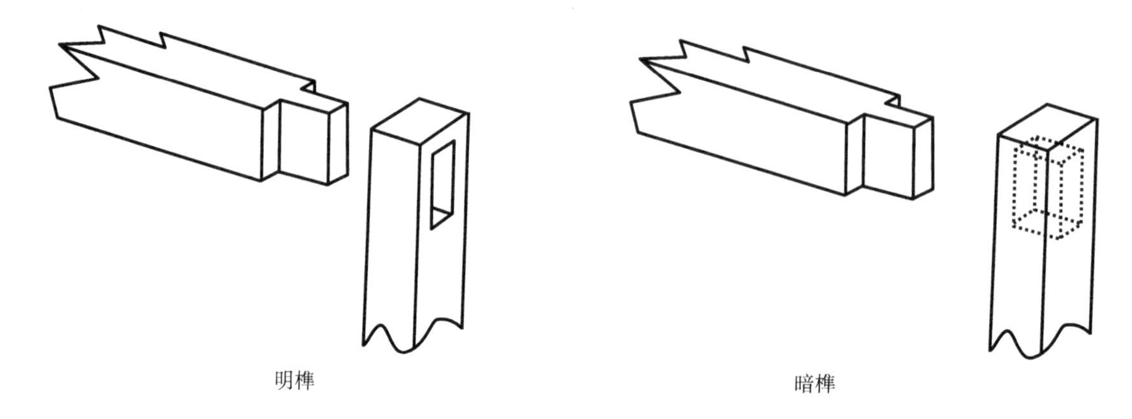

图 2-33　按榫头是否贯通榫眼划分（选自《图解产品设计模型制作》/ 作者：兰玉琪、高雨辰）

④按榫槽顶面是否开口划分，可分为开口榫、闭口榫、半闭口榫（图 2-34）。

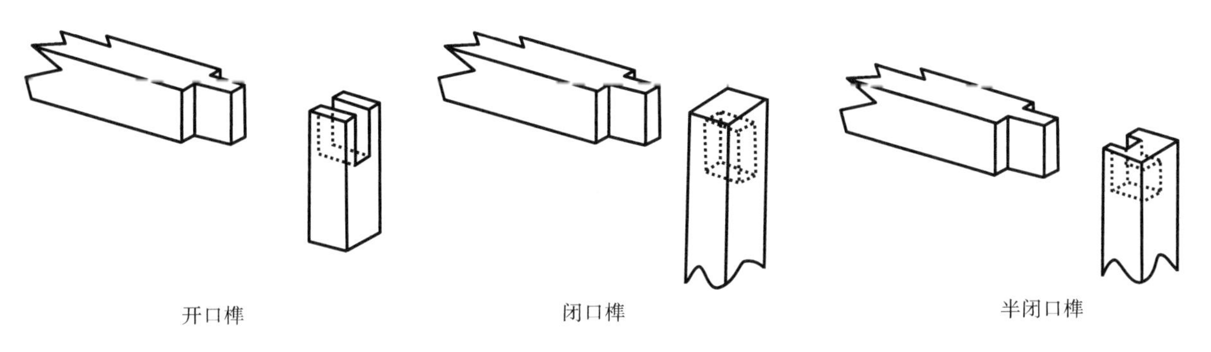

图 2-34　按榫槽顶面是否开口划分（选自《图解产品设计模型制作》/ 作者：兰玉琪、高雨辰）

⑤按榫肩数量划分，可分为单肩榫、双肩榫、三肩榫、四肩榫、斜肩榫等（图 2-35）。

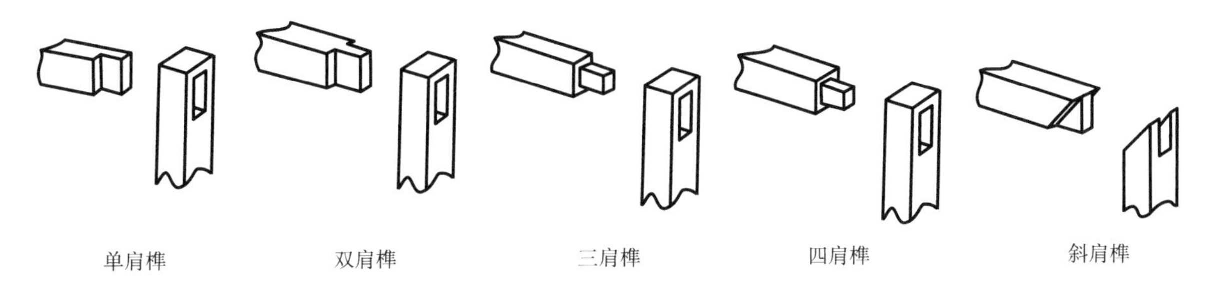

图 2-35　按榫肩数量划分（选自《图解产品设计模型制作》/ 作者：兰玉琪、高雨辰）

在明传统家具的榫中，除上述的针对木方的榫分类之外，还有对于平板材之间的连接，即当木材宽度不够时，会将两块或多块木板拼合起来使用。较简易的薄板拼合做法，即榫槽与榫头拼接，而考究的则做成“龙凤榫”的样式（图 2-36）。龙凤榫可以避免上下翘错，拼板横向难以被拉开，在加工处理时，两板的拼口必须刨刮得十分平直，使两个拼面完全贴实，才能粘合牢固。

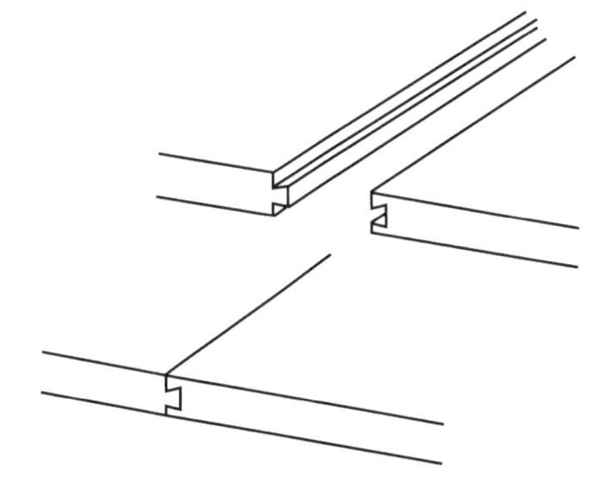

图 2-36　龙凤榫

3. 案例解析

德国设计师 Stefan Diez 和日本竹艺大师 Yoshihiro Yamaishi 从原竹的连接角度出发精心设计了 Saba 系列竹产品（图 2-37），该系列不需要任何工具和钉子，仅运用了原竹中的包绞法和钻孔穿绳法就能组装在一起。原生态的竹子，随着时间的流逝，这种竹制品家具会逐渐变色，而使得更有特色，也让人在使用产品时，感受到产品与人的交互。配套的桌面采用了玻璃设计，与自然的竹子形成强烈对比，有种既现代又复古的简约感。使用原生态竹子是由于设计师想通过这样的作品让更多人关注环境保护，降低化学物品的应用，倡导绿色生活。

除了玻璃桌面，原竹桌的零件如图 2-38。原竹剜口的地方弯曲后包住原竹杆，再由纤维绳穿过固定，就组成稳定支架，即桌腿。同时拆开之后，它们可以平面封装。

与原竹桌的连接结构方式类似（图 2-39），原竹凳中作为椅腿的原竹剜出可以包住三根原竹的剜口长度，然后将三根当作凳面的原竹杆包住，再用纤维绳进行固定，组装方式同样很简单。

图 2-37 原竹椅和原竹桌（设计者：Stefan Diez & Yoshihiro Yamaishi）

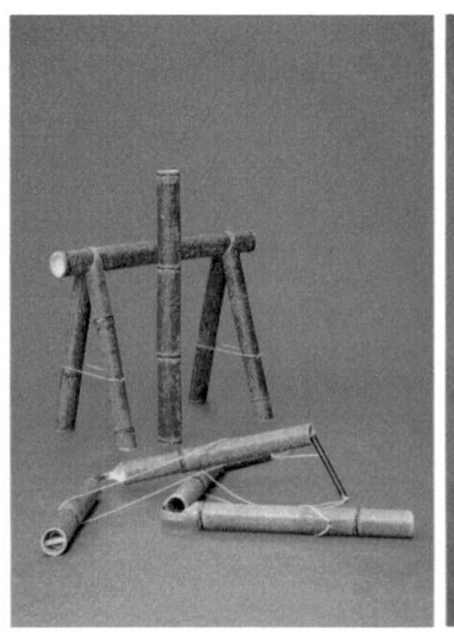

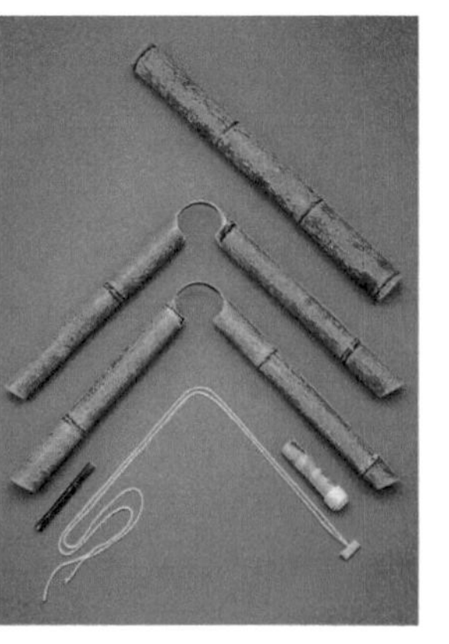

图 2-38 原竹桌连接方式（设计者：Stefan Diez & Yoshihiro Yamaishi）

图 2-39 原竹凳连接方式（设计者：Stefan Diez & Yoshihiro Yamaishi）

榫卯结构是中国传统木家具及传统木建筑的构造核心和精髓，它决定了中国古建筑及家具的基本连接方式和形式特征。在竹产品设计中如何在榫卯的基础上探讨这种构造方式的创新具有很强的挑战性，同时也对这种传统制作工艺在当代的传承相当有意义。

在西南交通大学建筑与设计学院产品设计研发中心黄涛教授指导下，叶沛榆等同学通过对传统榫卯的再设计，完成了一套竹集成材文房家具产品的设计。

该组同学在榫卯的基础上探索设计了一种有效的咬合结构，该结构虽然发展自传统榫卯结构，但又和传统的榫卯结构有明显的差异，具备自己的结构特征，使产品无需钉子和胶黏剂等外部连接附件，通过相互咬合作用组合成为独立产品，结构合理有效，加工容易方便。同时该结构方式贯穿整个系列的设计，在不同尺寸及不同功能的家具上都有很好的适用性，实现功能的同时也对传统的榫卯式样进行传承与创新。图 2-40 为整套产品方案，图 2-41 为竹凳方案，图 2-42 为竹椅方案。

图 2-40　整套产品方案（设计者：叶沛榆等 / 指导：黄涛）

图 2-41　竹凳产品方案（设计者：叶沛榆等 / 指导：黄涛）

图 2-42　竹椅产品方案（设计者：叶沛榆等 / 指导：黄涛）

4. 设计实践

实践训练：研究一种竹材连接方式，应用到具体产品中。

设计要求与步骤：

（1）研究竹材连接方式

讨论研究一种竹材连接方式，深入地思考其特点，尝试对其连接方式进行再创造研究。

（2）确定产品应用类型

在对结构再创造研究的基础上，寻找一种可应用的产品类型。

（3）连接结构应用

将竹材连接方式设计研究结果应用到具体的产品中。

2.1.3 设计课题 3 竹材工艺延展

1. 课题要求

课程名称：竹产品工艺延展训练

课程内容：竹产品工艺延展设计认知

教学时间：6 个学时

教学目的：（1）了解竹产品常见加工工艺。

（2）利用竹材加工工艺进行竹制品的延展设计。

作业：结合一种竹产品加工工艺，设计一款产品。

作业要求：（1）对所要应用的竹材加工工艺深入了解其原理与特点。

（2）根据产品特点对结合加工工艺进行竹产品设计。

（3）所应用的工艺合理地融合到产品的整体造型中。

2. 知识点

竹产品的工艺随着时代和科技的发展，在不断的改善和进步着，从竹产品的原材料上就自然而然地可以将竹产品的加工工艺做一定的区分。原材料的不同物理、化学性质决定了其在加工成产品时的加工工艺。

（1）原竹工艺

原竹产品的加工工艺，也可称为传统的加工工艺，以零件为加工对象手工加工制作而成。原竹产品的零件主要分为直线形零件和曲线形零件，直线形零件的加工通过剖、锯、刮、刨等常规加工方法即可获得，机械化程度较曲线形零件要高。曲线形零件的加工工艺应根据花竹和毛竹的竹筒直径区分，主要有直接加热弯曲和锯口弯曲两种方法，目前主要还是以手工加工方法为主。

1）直接弯曲工艺

直接弯曲工艺的选料对象为直径较小的竹秆，一般是先校直竹秆，再在火源上用双手或结合拗弯扳手加热弯曲（图2-43）。在加热时，应使弯曲部位的凸面受热。若需要烤的弯度较大时，火力要均匀；若烤的弯度是急弯时，则要将火力集中于弯点的部位；等到竹秆表面渗出竹油时，再缓缓用力弯曲到位，并立即用湿布冷敷定型，再用绳索牵拉固定后置于冷却盆中定型。

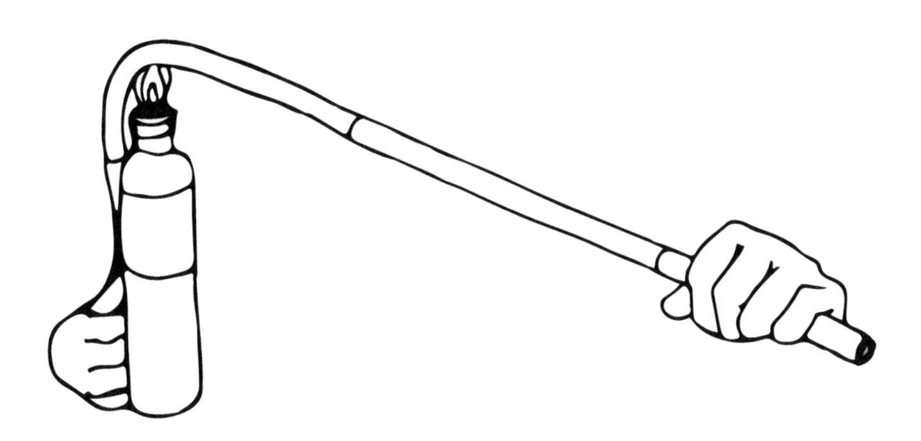

图2-43　直接弯曲工艺（选自《竹藤家具制造工艺》/作者：吴智慧、李吉庆、袁哲）

2）围绞零件的加工工艺

围绞零件即为上文提到的围绞法连接结构中的零件，这类零件加工首先要计算箍与头的尺寸，也称讨墨。计算的方法如图 2-44 中的箍与头计算示意图所示，一般情况下 R 等于所要包接竹秆头的 r，常用的尺寸如表 2-1 所示。

常用围绞尺寸表　表 2-1

名称	角度 α	长度 L	角度 β	高度 h ≤
3 方折	60	5.23r	120	4.150r
4 方折	90	4.71r	130	4.171r
5 方折	108	4.39r	144	4.181r
6 方折	120	4.71r	150	4.187r
8 方折	135	3.92r	157.5	4.192r
12 方折	150	3.66r	165	4.197r
18 方折	160	3.49r	170	4.198r

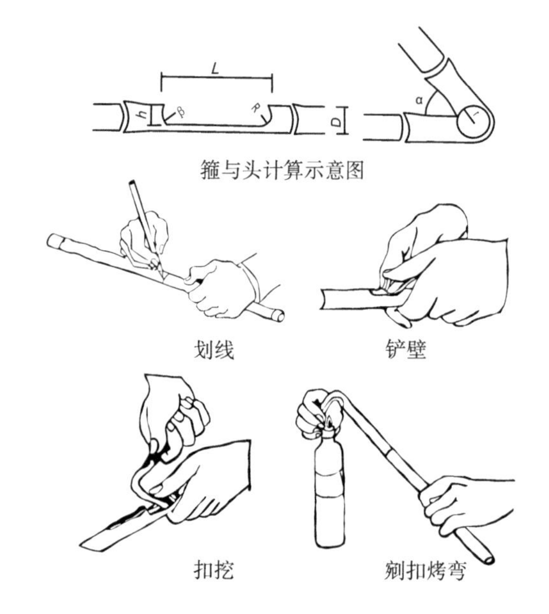

图 2-44　围绞零件的加工工艺
（选自《竹藤家具制造工艺》/作者：吴智慧、李吉庆、袁哲）

尺寸数据计算完毕后，接下来就可以进行划线、锯槽（剜口）、铲壁、扣挖、剜口弯曲等加工（图 2-44）。划线就是标记剜口的要锯的尺寸，锯槽则是用锯锯出剜口，铲壁是用铲刀除去剜口间的部分竹壁，到这一步，箍部分的尺寸应基本符合零件要求。接下来用扣刀扣挖剜口部位的部分竹黄，使竹壁更薄一些，方便弯曲，提升装配品质。剜口部分加工好后，将竹青作为凸点加热并弯曲至所需的角度，并将箍与头进行试接合，如接合不理想，应进行零件修整直至符合要求。

3）毛竹筒锯口弯曲工艺

毛竹径大，弯曲的曲率半径小的零件不能采用直接加热弯曲法，通常采用横向锯口——弯曲工艺（也称骗竹工艺）。其工艺分为正圆锯口弯曲和角圆锯口弯曲（图 2-45），正圆锯口弯曲顾名思义就是弯曲形成正圆，常用于制作桌面、几面等，角圆锯口弯曲则依据产品要求弯成特定角度，常用于沙发扶手、桌子面板、装饰件等。

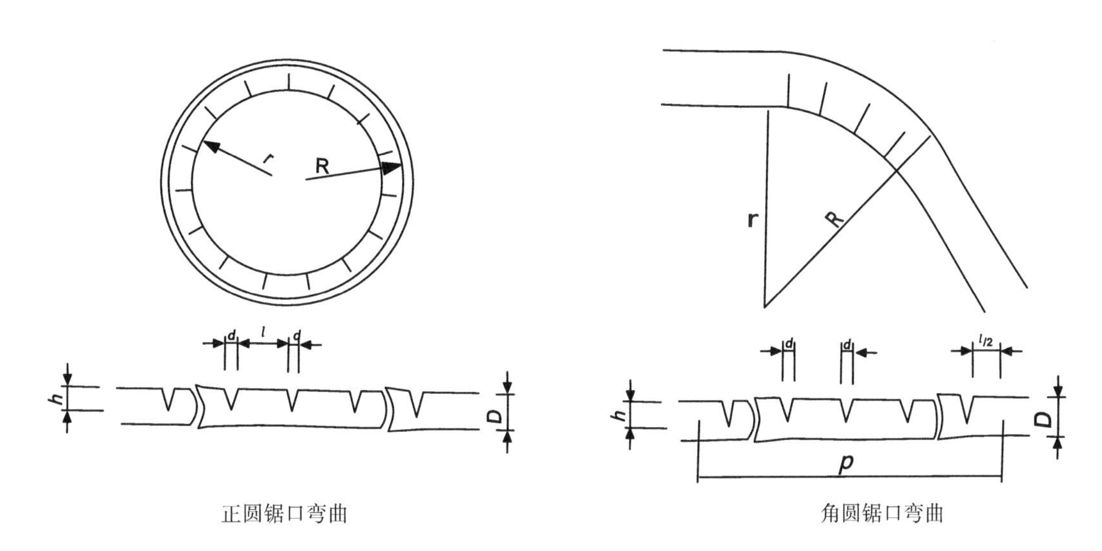

图 2-45　锯口弯曲工艺（选自《竹藤家具制造工艺》/ 作者：吴智慧、李吉庆、袁哲）

（2）竹型材弯曲胶合工艺

竹材弯曲胶合是在木质薄板弯曲胶合工艺技术的基础上发展起来的。它是将一叠竹片（竹单板）按要求配成一定厚度的板坯，然后放在特定的模具中进行加压弯曲、胶合成型而制成各种曲线形零部件的一系列加工过程，所以也称为竹片弯曲胶合。

此工艺具有以下特点：

A. 用竹片弯曲胶合的方法可以制成曲率半径小、形状复杂的零部件，并能节约竹材和提高竹材的利用率。

B．竹片弯曲胶合件的形状可根据其使用功能和人体工效尺寸以及外观造型的需要，设计成多种多样弯曲件，使弯曲件造型美观多样、线条优美流畅，具有独特的艺术美。

C．竹片弯曲胶合工艺过程比较简单，工时消耗少。

D．竹片弯曲胶合成型部件，具有足够的强度，形状、尺寸稳定性好。

E．用竹片弯曲胶合件可制成拆装式产品，便于生产、贮存、包装、运输和销售。

F．竹片弯曲胶合的工艺需要消耗大量的胶黏剂，竹片越薄，弯曲越方便，用胶量也越大。竹片弯曲胶合零部件主要可用作椅凳、沙发的坐面、靠背、腿、扶手、桌子的支架、弯曲类门板以及建筑构件、文体用品等。

1）先弯后胶工艺

根据制品设计要求的形状和尺寸来挑选和配制竹片。竹片在选取时应具备可弯曲性和可胶合性，能进行弯曲胶合，制成弯曲胶合件，先弯后胶工艺一般应用在集成材产品中。弯曲胶合的步骤为：竹片蒸煮→软化→三防或炭化→捆扎→弯曲→干燥定型→弦面胶合→刨削→砂光→径面胶合→刨光。图2-46为竹片弯曲胶合示意图。

蒸煮软化的目的在于使竹片容易弯曲定型。弯曲时要均匀缓慢加压，使已成捆的竹片与模具紧密贴合，之后将其与模具一起夹紧固定，保持弯曲曲率。由于经过加压弯曲的捆扎竹片还存在弹性应力，要将其连同一起紧固的模具放入干燥箱内高温干燥定型。弦面胶合是将定型后的竹片涂胶后，按弯曲时的叠加顺序弦面胶合组坯，再放入压机模具中加压，达到胶合固化，制成弯曲板条坯。径面胶合是将弯曲板条坯经过刨削和砂光后，在胶合面上施胶，进行胶合面上的径面胶合，然后采用加压胶合，制作成所需规格的弯曲胶合件。

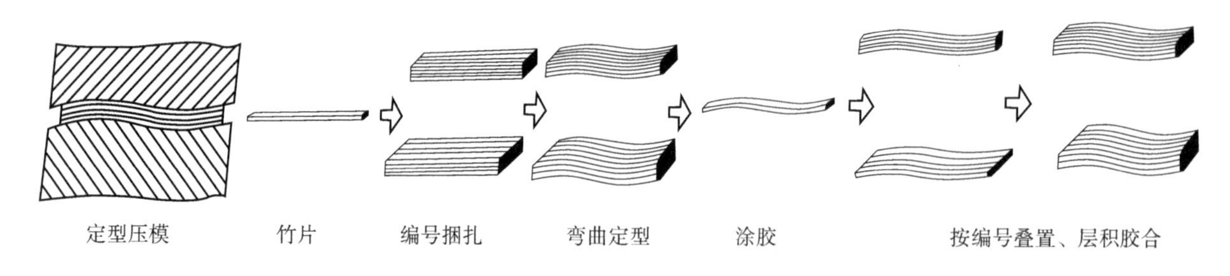

图2-46 竹片弯曲胶合示意图（选自《竹藤家具制造工艺》/作者：吴智慧、李吉庆、袁哲）

2）先胶后弯工艺

先胶后弯工艺一般用于竹皮产品中，先胶合后弯曲的步骤为：旋切竹单板（或刨切薄竹）剪拼→涂胶→组坯陈化→加压弯曲胶合成型→陈化冷却。后续可以进一步按照部件要求加工和装配就可制成相应的产品。图 2-47 为薄竹胶合弯曲成型的滑板。

目前竹产业机械化程度提高，竹产品中的弯曲胶合工艺一般都采用压机实现，压机主要分为单向压机和多向压机两种。单向压机的加压方向为单一方向，可以压制形状简单的部件。多向压机的加压方向可以从上下、左右两边，或更多方向施加压力，可以压制复杂形状的弯曲部件。此外因对加工设备要求不高，手工加压方式也是竹产业常用的弯曲胶合方式，图 2-48 为常见的手工加压弯曲胶合方式，涂胶单板组成板坯后，直接放到定型模具中，利用分散设置的螺旋夹紧器或螺旋拉杆对板坯施加压力，从而达到弯曲胶合的目的。

图 2-48　常见的手工加压弯曲胶合方式

图 2-47　薄竹弯曲胶合成型的滑板

3. 案例解析

台湾三点水文化创意工作室设计的“同心竹凳”坐面平整，由三个同心圆圈胶合卷成得来，且带有一定弧度，贴合坐姿。其运用到了创新的同心圆竹积层技术，将同心圆积层竹相互交叠阶梯状裁切，形成稳固且优美交错的坐面，呈现如枯山水般层层堆叠的意境，不但发挥出竹材的纤维特性，更打破传统积层竹的块体印象，形成极具风格且容易量产之现代竹工艺设计产品（图2-49）。

图2-49 同心竹凳（台湾三点水文化创意工作室）

回转成型竹积层竹的方式即利用竹条的纤维韧性，通过先涂胶，再用回转的方式用螺旋夹紧器加压，从而弯曲胶合成为块状面积，以作实体应用。利用竹材纤维特性由内而外回转积层，视设计需求外径可无限延伸。不同年份生的竹材于软硬度及颜色上对加工难易度及视觉上有影响。经打磨形成优美特殊的视觉效果，并充分表现了竹材纹理特性（图2-50）。

简洁大气的造型，寓圆于方，圆中有方，橙舍品牌一款竹制纸巾盒产品让我们打破了以往对纸巾盒的认识（图2-51）。纸巾盒侧边竹材的成型工艺就为上述的薄竹片胶合弯曲的方法，将薄竹涂胶后，在模具上夹住来定型。纸巾盒是生活中非常常见的一款产品，选用天然的原竹纹理效果，与现代的薄竹胶合成型技术结合，同时产品的边角细节等都做了相应的圆角处理，将竹产品的工艺美学突出到极致。生活中，有些东西，源于生活，又高于生活。

图 2-50 凳面弯曲胶合方式

图 2-51 纸巾盒（橙舍品牌）

4. 设计实践

实践训练：选择一种竹材质的加工工艺应用于具体产品中。

设计要求与步骤：

（1）研究竹材加工工艺

选择一种竹材加工工艺方式，深入的探讨与研究其特点。

（2）确定产品应用类型

在加工工艺研究基础上，寻找一种可应用的产品类型。

（3）竹材工艺应用

将竹材工艺进行设计应用到具体产品中。

2.2 竹材创意专题

创意是产品设计中的核心问题，运用创意思维是成功设计优良产品的途径，历来众多学者发明了不同类型的创意思维工具与方法以辅助发明创造与产品创意。目前，世界上应用于创造发明的方法已有三百多种，表 2-2 总结列举了一些常用的创造技巧与方法。

本节在认知专题的基础上，加深对竹材的表面形态、结构与工艺特点认知，重点考察创意思维与方法在竹材创意中的构思与运用。针对原竹、竹型材和竹＋其他材料三个专题方向分别结合代表性创意思维方法进行竹材产品的创意设计。

常用创造技巧与方法表　　表 2-2

群体智慧的方法	思路扩展的方法	直觉灵感的方法	思维为主的定性方法	定量的设计科学方法
头脑风暴法	设问法	综摄法	联想法	系统论方法学
635 法	列举法	机遇发明法	类比法	突变论方法学
KJ 法	形态分析法	灵感法	模仿法	信息论方法学
德尔菲尔法	专利利用法		移植法	
CBS 法	意象尺度法		思维导图	
	仿生法		组合法	
	逆向思考法			

2.2.1 设计课题 1　原竹产品创意设计

1. 课题要求

课题名称：原竹材产品创意设计训练

课题内容：原竹材产品类比设计

教学时间：6 学时

教学目的：（1）摆脱对原竹材的固有思维，提高对原竹子材的可塑性认知，对设计主题能运用原竹材展开多样化设计。

（2）学会将一种事物的某种属性运用到另一种事物上的思维策略，能运用多种类比思考策略探索原竹材产品设计各种可能性，并在学习比较中进行原竹材的创新设计。

作业：运用类比思维方式寻找原竹材与某一主题对象的联系点，设计一款产品。

作业要求：（1）了解类比思维策略的原理，发挥类比思维策略的效用。

（2）充分思考研究原竹材料的特点，在产品中表达其特性。

（3）原竹材在产品中的类比运用适当，能够恰如其分地融入具体的产品设计中。

2. 知识点

“类比”一词源自于古希腊，原意为“按比例”，古希腊数学家发现，两个尺寸不同的三角形若三条边的比例关系相同，那么这两个三角形相似。类比法（Synectics）最早由美国麻省理工学院教授戈登（W. J. Gordon）提出，类比就是对两个同类或毫不相关的异类事物进行相似性考察比较，根据两个对象之间在某些方面的相同或相似，推论出它们在其他方面也可能相同或相似的一种寻找一致性的思维策略与逻辑方法。它的创造性表现在设计创意活动中，人们能够通过类比已有事物开启创造未知事物的设计创意思路，其中隐含有触类旁通的含义。在我们的日常生活中，常常会有意或无意地使用类比思想，把已有的事物与一些表面看来与之毫不相干的事物联系起来，寻找创新的目标和解决的方法。

（1）类比的基本思考模式

类比法是富有创造性的创意技法，有利于人的自我突破，其核心是从异中求同，或同中求异，从而产生新知识与新发现，得到创造性成果。类比法的设计创意基础是两两比较，戈登教授提出了“异质同化”和“同质异化”两个类比法的基本思考模式。

1）异质同化

异质同化就是变陌生为熟悉的过程，是一种借助现有知识进行分析研究未知事物的思考模式，设计者将未知事物同自己早已习惯熟悉的事物建立联系的思维方式，从而达到设计创新产品的目的。异质同化的思想认为未知的事物具有与已知某种事物类似的性质、功能和用途，在面对未知事物时，运用熟悉的观点、角度、经验和知识认识处理未知事物，从而把未知事物熟悉化，把陌生问题转化为熟悉的问题，得到关于对未知事物的解决方案。

如在 19 世纪听诊器出现之前，医生要听诊患者胸腔里健康状况时，普遍采用手敲诊或接触诊断，起的作用有限；而把耳朵贴到患者胸口做诊断，声音轻，效果也不佳，并且如果是男医生面对女患者时，又与社会风俗相悖。因此，很多医生都想设计发明一种可以帮助听诊的设备。一天法国医生雷奈克在公园里散步时观察到几个孩子正在用跷跷板玩木杆传声的游戏，一个孩子用手敲打或用针刮木条，而另一个孩子在另一头贴耳听，虽然前者用力轻，可是后者却听得极为清晰（图 2-52）。雷奈克受到启发将该现象与听诊方法比较，最终获得了听诊器的创意设计方案。

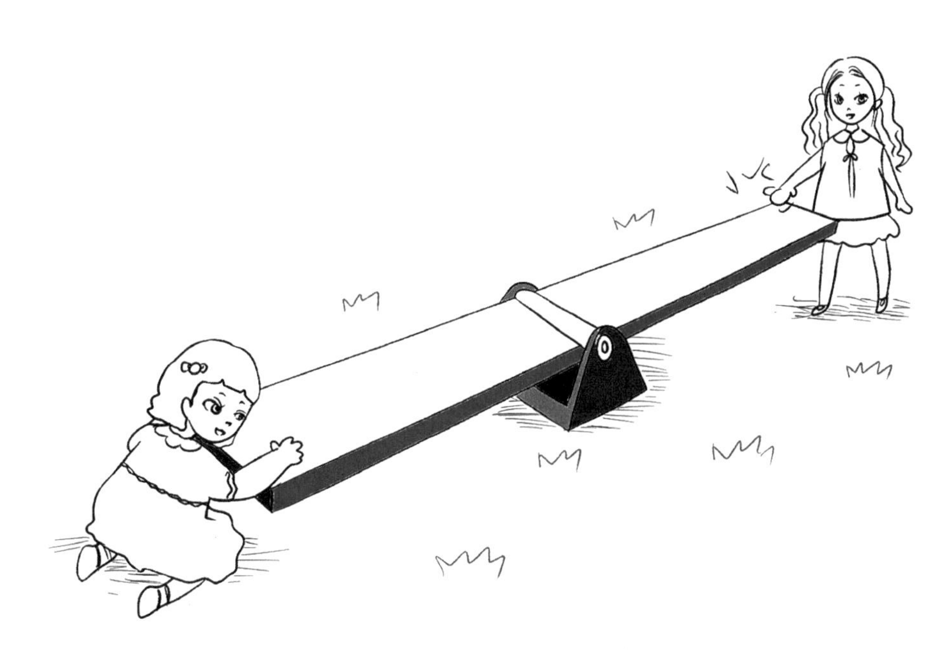

图 2-52　用跷跷板玩木杆传声示意图

2）同质异化

同质异化变熟悉为陌生的过程，是一种借助新的见解与知识分析研究已知事物的思考模式，设计者把熟悉的事物当作陌生事物分析，摆脱人们看待已有事物的惯性思维，从新发现、新观点和角度观察分析已知熟悉的事物，发展出已知事物的新的性质、功能和用途，产生新解决方案。

如最初海洋深潜器都是靠钢缆吊入水中，一直无法突破 2000m 深度，瑞士的科学家皮卡尔是研究大气平流层的专家，设计的平流层气球可飞到 15690m 的高空中，而当他将兴趣转到深潜器时，想到了利用平流层气球的原理改进深潜器，他在深潜器中用放入铁砂作为压舱物，使其可以下沉，又设计了一个充满汽油的浮筒，为其提供浮力，获得了巨大成功（图 2-53）。

在设计创意中可结合运用异质同化和同质异化两种思考模式分析解决问题，结合这两者类比法策略思考过程大致分为三步：①确定设计对象事物与类比事物；②把两个事物进行比较；③在事物比较的基础上进行推理，根据具体情况运用异质同化和同质异化将类比事物中的知识与成果应用到设计对象上去（图2-54）。

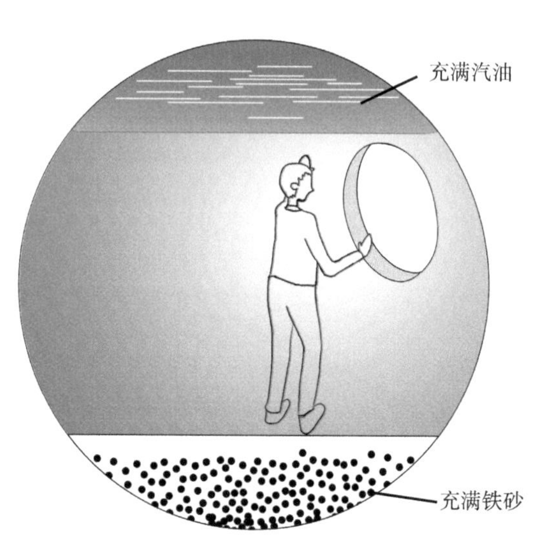

图2-53 皮卡尔深潜器示意图

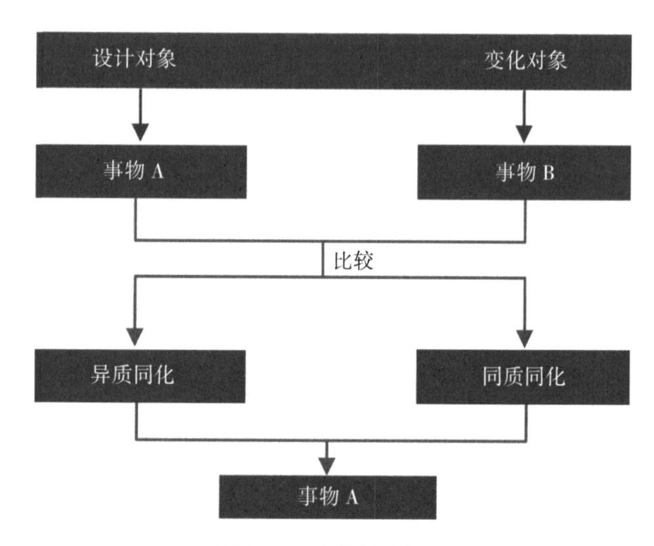

图2-54 类比策略步骤

（2）类比的四大类型

以类比为基础展开的创意联想与研究可大致分为直接类比、拟人类比、象征类比、想象类比四大类型。

1）直接类比

从自然界的现象中或人类社会已有的发明成果中寻找与创意对象相类似的事物联系起来进行思考，并通过比较启发出创造性设想。如宝马的大灯造型设计类比自鹰眼（图2-55），形神具备，用一个眼神就能征服一切，良好地传达出了宝马品牌豪华、凶猛、凛然不可侵犯的王者之风。

美国发明家莱特兄弟以德国飞行家李林达尔名言“每只鸟都是一名飞行特技表演师，谁要飞行，谁就得模仿鸟儿”为启发，利用一切时间观察鸟的飞行，常常跑到山顶，仰卧在岩石上，几个小时不动地仰望蓝天，观察老鹰的飞行动作，看老鹰怎样起飞，怎样盘旋，又怎样滑翔，经过不懈的努力，终于在1903年设计制造出全世界第一架飞机。

图 2-55　宝马的鹰眼大灯

2）拟人类比

拟人类比把面对的事物或问题人格化，设想若自己变成该事物时，会有何种感受，该如何去行动，怎样解决问题。目前各种各样的机器人的设计主要是模拟人的动作，获取类人的效果。如日本本田公司研制的ASIMO仿人机器人（图2-56），能跑能走、上下阶梯，还会踢足球和开瓶倒茶倒水，动作十分灵巧，能够精准地模仿人类的一些动作。

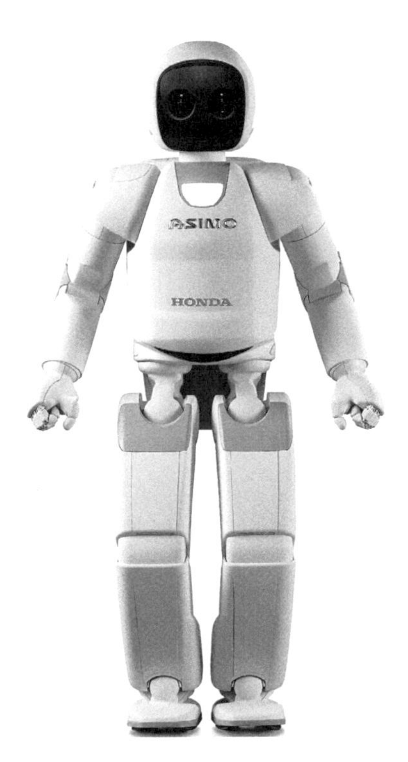

图 2-56　本田公司 ASIMO 仿人机器人

3）象征类比

象征是用某种事物或形式作为一种概念的表征表，其出之于理性的关联、联想、约定俗成或偶然非故意的相似，特别强调是通常以一种看得见的事物来表现看不见的事物（如抽象概念、思想情感），如狮子象征勇敢，手形“V”象征成功、胜利等。再如红旗轿车（图2-57）的生产与经营几经沉浮，但只要该品牌轿车一有动向就会引起中国人的关注和热议，因为其除了是轿车外，还凝聚了中国人的自信与能力，象征着我国的传统文化价值和不屈不挠、艰苦奋斗、自强不息的民族精神。象征类比就是运用具体的事物形象或象征性符号作类比描述，使抽象问题形象化、立体化，从而产生创意思路，获取解决问题的方案。象征类比产品构成要素及关联可归纳如图2-58。

图2-57　红旗轿车

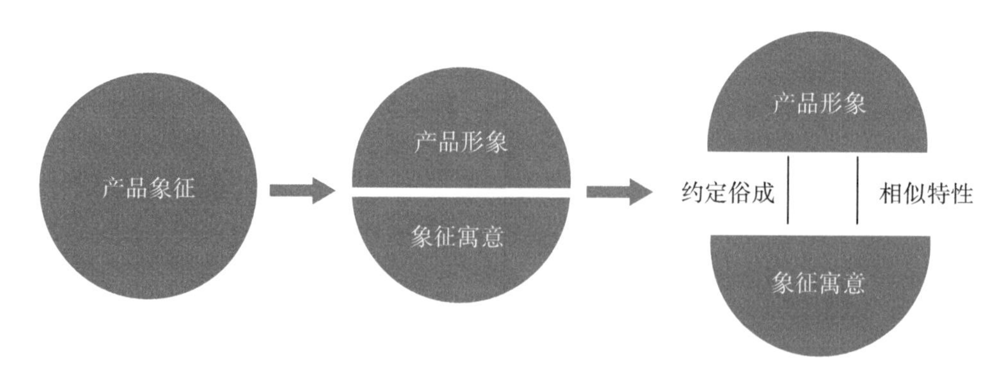

图2-58　产品象征的构成要素及其联系（选自《产品设计中的象征现象研究》/作者：韦艺娟）

4）想象类比

想象类比指在创意中，把要解决的问题用虚构的、幻想的事物进行类比，如从童话、科幻、小说等方面寻找创意灵感，从而获取解决问题的方案。爱因斯坦在构思相对论问题时曾想：如果以光速追随一条光线运动会出现什么情况？这条光线就会像一个在空间中震荡而停滞不前的电磁场，正是这一想象打开了“相对论”的大门。古代的人们幻想能够登上月球看看上面有哪些神仙，就有了嫦娥奔月的神话，而现代的技术已经能够帮助宇航员成功登上月球。

四种类比法中直接类比是基础，由此可以向拟人类比、象征类比、幻想类比引申发展。四种类比各有特点和侧重，在创造的活动中相互补充、相互渗透、相互转化，都是创造过程中不可缺少的方法。

3. 案例解析

哲学家康德就曾说过“每当理智缺乏可靠论证的思路时，类比这个方法往往能指引我们前进。”很多设计师都会运用类比法进行产品的设计创意，在原竹材的产品类比设计创意时，需要设计师充分挖掘原竹材的特性，原竹筒有长有短、有粗有细、节距有规律，并且不能仅作为原竹筒观察，其还可剖可分，剖的竹条长短、宽窄与厚薄的不同，性能又有所不同，特别是弹性差异很大。

图 2-59 所示的作品设计的灵感来源于中国传统玩具竹蛇，将竹筒的造型与现代火车相类比，形成了一款儿童玩具“竹语——传统玩具再设计”，采用火车车厢的模块化设计原理，车厢之间采用竹销钉链接，车厢之间可以水平转动，每节车厢的上下两部分通过红绳链接，保证每节车厢的稳定性（安装结构图见图 2-60）；通过简单的组装来锻炼儿童的动手能力，儿童可与父母一起组装完成，期间又增进了亲子互动，提升儿童对于玩具的参与度；作品中还加入铃铛和波浪形接触面这些可“发声”的设计，提升对于孩子的吸引力。

图 2-61 作品的设计师在生活中发现竹的应用之美，采用同质异化的思想思考原竹的设计，重新审视原竹的功能，将挂钩的功能类比带入到原竹的功能中，设计了一个简洁美观又自然的竹制挂钩。形态上将竹子纵向劈开，取其部分，在横向上分割出 4 个挂钩，并且在挂钩内部隐藏了金属片，以保障挂钩的承重强度，工艺上也比较简单。

原竹与灯似乎很难让人联系在一起，然而台湾三点水文化创意工作室为 Yii 品牌设计的灯具——“Bamboo Explosion”将两者很好地融合在了一起，设计师利用竹管的柔韧性和天然的透光性，将竹管剖开后，又分别将剖开所得的竹片结合在一起，视觉上如同是一根竹管剖开的效果，同时结合细灯管，赋予了原竹材全新的视觉效果，Bamboo Explosion 点亮时就像竹管爆破的瞬间，绚烂如花火，在空中漫射开来（图 2-62）。

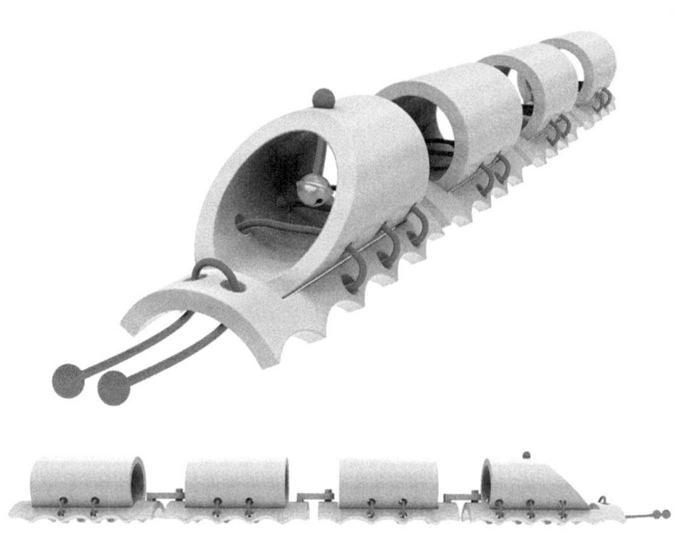

图 2-59　竹语——传统玩具再设计
（设计者：祝黎昀 / 指导：陈思宇、陈国东）

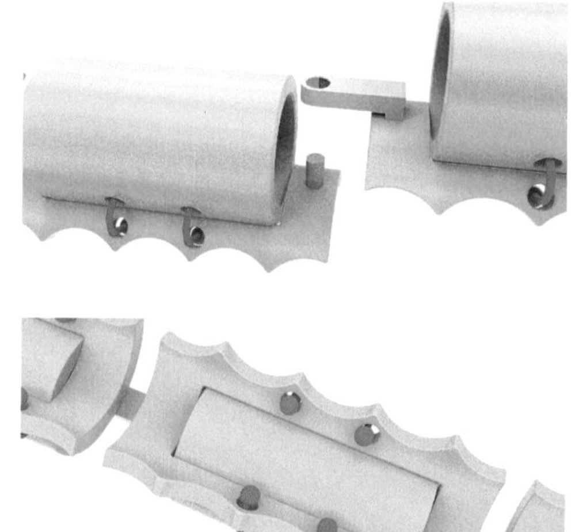

图 2-60　竹语——传统玩具再设计
简单的组装方式

图 2-61　竹制挂钩（设计者：俞都 / 指导：王军、陈国东）

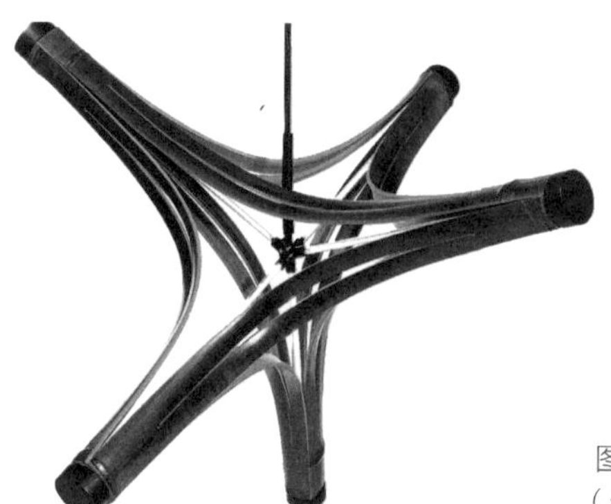

图 2-62　Bamboo Explosion 灯
（台湾三点水文化创意工作室）

4. 设计实践

实践训练：指定生活中的主题产品，运用类比思维方式寻找原竹材与主题产品的相似联想，设计一款产品。

设计要求与步骤：

（1）确定主题产品

首先确定要类比的主题产品，从居家生活中的角度发散寻找和选择对象产品。

（2）产生类比创意方案

确定主题产品后，分析主题产品的特点，与原竹材的特点进行类比思考，运用类比思维展开设计创意，同时绘制概念草图方案，在概念草图基础上优选设计方案进行详细设计草图表达。

（3）完成作品设计（课后完成）

对详细的设计草图进一步深化，进行建模渲染和版面制作表达，完成原竹材的类比创意设计。

2.2.2 设计课题 2 竹型材产品创意设计

1. 课题要求

课题名称：竹型材产品创意设计训练

课题内容：竹型材产品定点设计

教学时间：6 学时

教学目的：（1）加深对刨切薄竹、竹集成材、重竹材等现代竹型材特点的认知。

（2）学会通过缺点列举、希望列举等定点法，提升对生活思考与观察力，探索产品的各种创意。

（3）综合运用定点创意办法，展开竹型材的创意设计，使得竹型材适当的呈现产品。

作业：根据指定的主题产品（如玩具，灯具），运用定点思维方式将相应竹型材应用到主题产品中设计相应创意产品。

作业要求：（1）了解定点法创意思维的原理，运用类比定点法细致入微观察和体验生活。

（2）充分思考研究不同竹型材的特点，在不同的设计要求中掌握应用对应的竹型材。

（3）运用定点法挖掘创意点，完整表达竹型材在生活产品中的应用。

2. 知识点

所谓定点法就是把要解决的问题强调突出，有针对性地进行创意设计。定点创意方法往往运用理性的逻辑思维，对创意对象展开多维度的联想，不断地进行思维的发散和聚拢，发掘创意点。依据列举点的性质特点，定点法主要包括特性列举法、缺点列举法、希望列举法和检核目录法等。

（1）特性列举法

特性列举法又称属性列举法，由美国尼布拉斯加大学的克劳福德（Robert Crawford）教授于1954年提出的一种创意思维策略。特性列举法将创新对象归纳为名词性、形容词性和动词性基本特征，并进行一一列举，然后分析、探讨能否以更好的特性替代，最后提出革新的方案的创新技法。其特点在于能保证对问题的所有方面作全面地分析研究，特别适用于老产品的升级换代。特性列举法要最大可能列举事物的特性，列举得越详细，越容易找到创新和改进的点，需要解决的问题越小，越简单直观，就越容易取得成功。特性列举法的实施一般需要三步。

第一步，明确设计研究对象，将设计对象的属性全部列出来，比如把椅子分解成靠背、扶手、坐垫和支撑等部件，每个部件与整体的关系、功能、特性等情况都要列举出来，只要改进其中一个或几个部分，就会出现新的创意设计。如果创新对象过于复杂，则可以将对象分解后，选一个或数个较为明确的目标加以进一步研究。

第二步，列举创新对象特性，从三个描述性词语角度对分解的部件进行特性列举（表2-3）。

特性列举的三个方面 **表2-3**

特性类型	列举内容
名词特性	描述事物指称性的内容：整体、部分、材料、制造方法
形容词特性	描述事物性质的内容：颜色、状态、大小、长短等性质
动词特性	描述事物运行方面的内容：作用、功能、机能

第三步，分析改进特性，对列举的特性一一进行具体分析，判断每个特性是否有改进和创新的必要性和可能，并提出改进方案。

（2）缺点列举法

缺点一般是指原理不合理、材料不得当、无实用性、欠安全、欠坚固、易损坏、不方便、不美观、难操作、占地方、过重、太贵等等。任何产品总是存在这样或那样的问题，我们把这些需要改进的产品作为创新对象，把产品的缺点逐一列举出来，选择其中的一个或几个缺点加以改进创新，从而设计出新的产品。缺点列举法是把对事物认识的焦点集中在发现事物的缺点上，通过找缺点，分析缺点，改进缺点提出有针对性的创意方案，或创造出新的事物，是一种被动型的创意方法。 一般可按照以下步骤：

第一步，根据课题需求，明确创新设计对象。

第二步，通过个人独立思考、群体脑力激荡、用户调查等方法列举对象存在的问题，并整理。

第三步，逐一分析所列举缺点，尝试为每个缺点提出改进的设想，再分析设想的创意程度和可行性，最终制定设计创意方案。

如传统的雨伞，被雨水打湿收起来后，湿掉的伞面在外面，人拿着时容易将衣服粘湿；要是放在室内或车内，会将地板、车内椅座、靠垫等打湿；收伞时是向内收拢，需要较大的空间，上下汽车时人容易被雨水淋湿。针对传统雨伞的这些问题，英国工程 Jenan Kazim 设计了一把“KAZbrella”雨伞，该伞的特别之处在于其与传统雨伞相反的开合设计，当收起雨伞时，湿漉漉的伞面被巧妙的折叠在内部，在上下车这类狭窄的空间中也可以轻易地开伞和收伞，不用担心弄湿环境与身体。此外，KAZbrella 采用了条幅式设计，能抵住一定程度的强风，当雨伞被吹翻，只需要按一下伞内的按钮就可以恢复原状（图 2-63）。

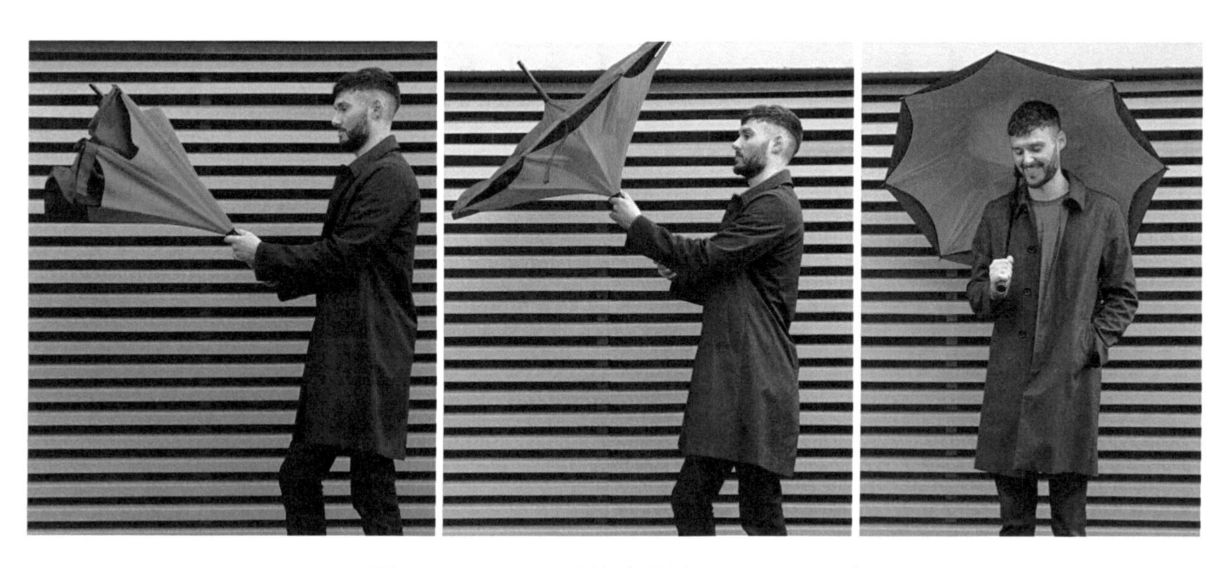

图 2-63 KAZbrella 雨伞（设计者：Jenan Kazim）

（3）希望列举法

人类希望保持室内舒适的温度就创造设计了空调；希望快速地移动就创造设计了自行车、汽车、高铁；人们希望更方便的操作电脑就创造设计了鼠标。希望是心里期盼着达到某个目标或想着实现某种情况，是人们对未来的渴求。把想要设计的产品，通过“希望点”形式列举出来，然后根据市场、社会、科技等条件形成创意方案的定点创意方法叫希望列举法。缺点列举法为围绕现有产品寻找问题再加以改进，其创意设想一般与创新对象原型紧密相关，而希望列举法则不同，虽然其希望点也可以从某一具体事物出发，但其设想可以不受原型事物的束缚，有可能会发明创造出新事物，是一种主动型的创意方法。

如现有市场上的可分体的就餐宝宝椅，分开之后只能当作单独的椅子和桌子来使用，没有更多的功能，不能满足婴儿成长过程中的多元化需求，在我们调研中很多家长都希望购买的宝宝椅能够具有更多的实用功能。

如图 2-64“童玩——宝宝椅”，侧面看过去像是一个卡通小怪物，儿童椅上的轮子正好成为怪物的眼睛，用于固定儿童桌和儿童椅的配件正好成为怪物的鼻子，桌子的侧面造型构成了小怪物的嘴巴，非常有趣味性。

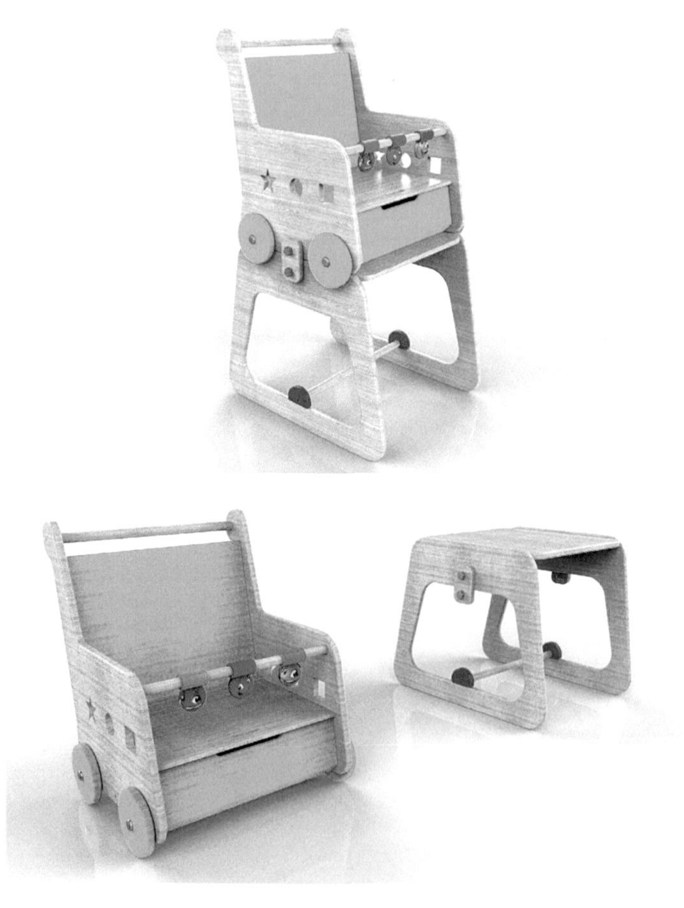

图 2-64 童玩——宝宝椅

儿童桌和儿童椅紧固在一起就成为一个儿童就餐椅，用于辅助儿童就餐；分开来后变成一个推车式儿童椅（通过调节椅子后面轮轴上的木螺钉可固定住轮子，使之不转动）和一张儿童桌，可用于协助儿童画画、写字等；当儿童开始学步的时候，儿童椅可以当作婴儿学步推车；儿童椅的座面可向上开启，内部有收纳的空间，可用于放置儿童的玩具。

“童玩一宝宝椅”可满足儿童成长过程中的学坐、认知、学步、学习等不同阶段需求，有助于儿童健康快乐成长。儿童椅前档可在儿童就餐时保护儿童，前档上配有可在前档上滑动的配件，配件的两侧都印有图案，可提高儿童的动手及对图案的认知能力，儿童椅的侧面镂空了构成一些简单的形状，可用于帮助儿童对形状的认知，配色活泼，符合儿童的心理特点。

（4）检核目录法

检核目录法，又称稽核问题表法，核对表法等，它根据大量的实践经验，总结概括出一系列问题的检核表，在进行产品设计创意过程中，可参考表中列出设计对象的问题，并一个一个地核对讨论，从而产生大量设想的创意方法，是一种改进性的方法，对现有产品的二次创新非常有效。其基本步骤过程如下：

第一步，明确要改进的事物；

第二步，参照检核表中的问题，逐一检核讨论，写出新思路和设想；

第三步，对新思路和设想进一步分析、筛选、完善，完成设计创意。

检核表是一张列有不同目录、词语与问题的核对单，用于启发人们发散思维寻找创意线索，产生创意，应用较为广泛的是奥斯本检核表，该表从 9 个方面的问题引导主体进行思考，如表 2-4 所示。

奥斯本核对单 **表 2-4**

能否派其他用	此物是否有其他新用途？如果改变一下，他的另外用场是什么？
能否引申（模仿）	其他有什么东西与此物相似？由此想到的另外主意是什么，过去有无相似的东西？我可根据什么进行复制？模仿谁呢？
能否改变	可否进行重新编织？可否改变一下意思？可否改变颜色、音响、味道和形状？其他变化呢？
能否扩大	可以增加一些什么？延长时间？增加频率？增加速度？增大体积？增加厚度？增加额外价值？增加配料，复制成对呢？相乘成倍提高？夸大之后呢？
能否缩小	可以减去什么？可否变得更小？能凝结、压缩否？能否制成微型？能否变得更低？变得更短？变得更轻？能省略什么？能否进一步细分？能割裂否？能简略陈述吗？
能否代替	谁可代替？可用什么作替代物？能否用其他成分代替了？能否用其他原料？能否有其他的过程？能否用其他强度？有其他场所否？能否用其他的途径？能否用其他的音调代替？
能否变换	可否改变成分？用其他的图式行否？能否重新设计布置？能用其他的顺序否？改变原因会产生不同结果否？能否改变速度？能否改变课程表，日程安排表、进程表？

续表

可否颠倒	可否正反倒置，能否里外反过来？能否前后倒置？上下倒置行吗？角色能否反过来？改变境遇会怎么样？能否扭转局面？
可否综合	可否把几个部件进行组合？能否装配成一个系统？能否把目的进行组合？能否把几种设想进行综合？

3. 案例解析

列举法在竹型材应用的重点是要用各种列举方法寻找出产品的特性、希望点、缺点等，针对列举的内容探索竹型材是否能用于解决这些问题，通过以什么样的设计方式解决。

在笔者团队的一个竹砧板设计案例中就综合运用了多种列举法来产生设计创意，根据企业要求，该案例中的砧板设计主要针对中型单板和小型多板两种类型。针对这两种我们采用列举法产生了初期的一些想法（部分想法见表 2-5），并针对列举的想法进行深入探讨概念可行性，形成产品设计方案。

砧板列举法创意 **表 2-5**

砧板类型	列举的内容	
中型单板	应用不同场景；放垃圾；砧板中内含砧板；薄薄的砧板，可当盘子；可含餐盘；可站立；砧板当托盘；切掉的食物与盘子的衔接	与事物互动；模块化；可分离砧板；可带刀；水渍问题该怎么处理；正反两用
小型多板	架子是可以搁放、也可以当托盘；砧板架子可收纳物品；砧板之间要有间隔；能否拿取方便。现有的都很呆板，能不能更趣味性与装饰性	

（1）中型单板

图 2-65“双盘式砧板”是在“砧板内含餐盘、切掉的食物与盘子的衔接”两个列举点基础上展开的设计，该砧板增高常规砧板的高度，在底部的两个方向设计两个盘子，两个盘子可根据实际需要抽拉出来，便于将不同类的菜，或者菜与垃圾进行分类，提高切菜的效率。

图2-66“托盘砧板”从砧板当托盘的列举点出发，思考改变砧板的使用方式和功能，该方案将原先带托盘砧板都是短边方向抽盘子的设计改为从长边方向抽出，同时将两侧的造型修改为把手，使得砧板反过来可以当作托盘使用，达到一物多用的目的。

对于只用来切蔬果、面包的砧板而言，不需要有很高的强度，图2-67“薄竹砧板”发挥薄竹薄而韧的特性，通过简单的设计将薄竹片作成砧板，该产品可当作独立的砧板，切完食物后不用另外装盘子，直接当作盛食物的餐垫片，节约了成本，上面的小孔可将砧板挂到挂钩上。

（2）小型多板

小型多板类砧板是指一个产品中包含多片小砧板（一般为4片或6片），每个砧板都用以切特定的食物，如肉类、果蔬类、鱼类、蛋糕类等。

图2-68“兔子砧板”为了让砧板整体看上去更加简洁轻盈富有生活气息和趣味性，对砧板和挂架进行了再设计，让架子与砧板之间形成了趣味的联系。对砧板的表面进行了细微的改进，采用激光雕刻技术雕刻出兔子的嘴巴和牙齿，切菜的时候与食材发生互动，让砧板与食材间产生紧密的联系，金属架子经过巧妙的设计形成了兔子的耳朵与鼻子，让食材与砧板有了巧妙的联系，不再是分开的个体，为厨房增添一丝乐趣。

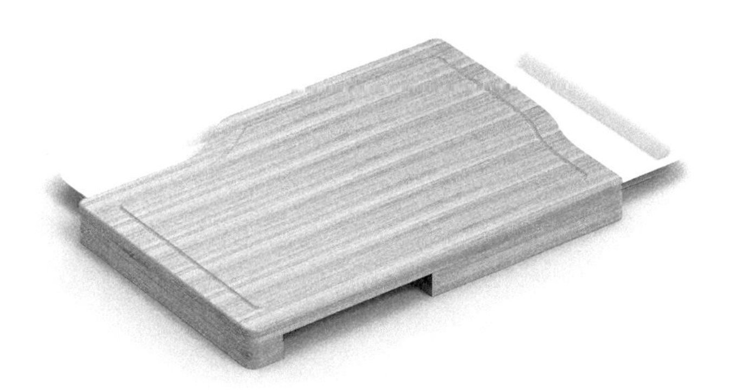

图2-65 双盘式砧板

图2-66 托盘砧板

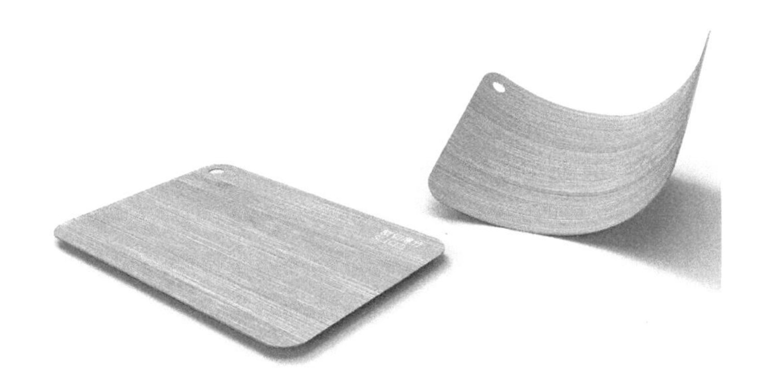

图2-67 薄竹砧板

在日常生活中经常要对一些菜品切丝，希望能够方便地找到刨刀，在深入讨论这一希望点后，认为放小砧板的架子功能较为单一，可以将刨刀的诉求融合到架子上，图2-69“刨刀砧板”是在对砧板能够附加刨刀的希望诉求基础上所设计，当做菜需要刨丝时，就可以将架子的底座抵在盆子的侧面，一手握着架子的把手，另一手就可以拿着果蔬刨丝了。

图2-68 兔子砧板

我们用纸杯和玻璃杯喝开水的时候，由于比较烫手不方便端，给生活和工作带来了不便。考虑到这一缺点，我们的设计团队决定采用竹材来解决问题，在针对多种竹材进行设计探索研究，并进行打样和测试后，团队采用薄竹材以杯套的方式套在杯子外部来解决喝水防烫的问题。相对于其他竹型材，薄竹材卷曲方便，工艺简单，表面还可以通过不同的需求雕刻相应主题，从而实现个性化定制，通过多次测试后，最终薄竹皮的厚度为2mm（图2-70）。

图2-69 刨刀砧板

图2-70 薄竹皮杯套

4. 设计实践

实践训练：综合运用定点法分析指定的主题产品，思考探索相应竹型材解决定点法产生的概念内容，设计一款产品。

设计要求与步骤：

（1）确定主题产品

首先确定要定点分析的主题产品，思考从办公场景中寻找和选择对象产品。

（2）定点法思考

确定主题产品后，分析主题产品的特点，尝试采用不同的定点法列举产品的特性、缺点、希望点等内容。

（3）探讨竹材解决

对列举的内容尝试结合竹型材展开创意设计，同时绘制概念草图方案，在概念草图基础上优选设计方案进行详细设计草图表达。

（4）完成作品设计（课后完成）

对详细的草图进一步深化，并进行建模渲染和版面制作表达，完成竹型材的创意设计。

2.2.3 设计课题 3 竹+X 产品创意设计

1. 课题要求

课题名称：竹+X 创意训练

课题内容：竹+X 产品组合创意

教学时间：6 学时

教学目的：（1）提高竹材与竹材，竹材与金属、陶瓷、塑料等材料之间设计融合的能力。

（2）学会通过组合法，分析思考不同事物的交叉融合，在组合思维模式下探索创意的无限可能。

（3）综合运用组合创意法，探索竹子+X 产品的可能性与可行性，加深对竹产品的综合创意的认知与理解。

作业：（1）竹材+竹材命题，运用组合思维法，将不同类型的竹材融合在一起，设计一款产品。

（2）竹材+其他材料命题，根据指定的主题产品，运用组合思维方式将竹材与其他材料融合设计，应用到主题产品创意设计中。

作业要求：（1）了解掌握组合法创意思维的原理，运用组合法体验生活，感知不同材料、不同产品、不同技术的差异，分析相互融合的可能。

（2）充分思考分析竹材与其他材料的特点，使它们在产品创意能够和谐的表达。

（3）运用组合法结合不同竹材与其他材料挖掘产品创意，综合表达竹+X 产品创意设计。

2. 知识点

“组合”在辞海中解释为“组织成整体”，组合法是指从两种或两种以上事物或产品中抽取合适的要素按照一定的原理或目的进行巧妙的组合和融合，其寄望于功能、服务、工艺、结构等方面的提升，从而构成新的事物或新的产品，生成新的价值。组合现象在自然界和人类社会中非常普遍，手机和相机组合就出现了带摄像头的手机，按摩器和座椅组合就出现了按摩椅，自行车和自行车组合就出现了双人自行车，可以说小至微观世界的原子、分子，大至宇宙中的天体、星系都存在形形色色的组合情况。组合思维把表面看来似乎不相关的事物，有机地结合在一起，从而产生意想不到、奇妙新颖的创新成果。在产品概念构思阶段，应用组合创意思维进行创新设计是一种实用、快捷的方法。

组合创意思维非常开放，任何看似相关或不相关的事物都可以相互组合，如不同的功能可以组合，不同的结构或机构可以组合，不同的技术或原理可以组合，不同的色彩、形状、气味可以组合，不同的知识领域可以组合，可以两两组合，也可以多种事物组合，可以是简单的联合、结合或混合，也可以是综合或化合等等。但同时也需要注意在组合创意设计过程中一方面要注意组合不仅仅是机械的堆砌，更不是简单的凑合，而是要形成新颖、独特、协调的有机整体，整体的各组成事物之间必须建立某种紧密关系，一堆石头简单的堆放在一起只能算作随意放置的杂物，若是根据一定比例的关系砌起来，就能组成合一座雄伟的建筑（图 2-71）；另一方面组合后的新事物或新产品的性能应该大于组合

图 2-71　古罗马竞技场是古罗马文明的象征，基本上由采自提维里附近的采石场的石头建成，美若天成（长 188m、宽 156m、高 57m）。

前事物的单独性能之和，相互补充，提高效益，达到 1＋1>2 的效果，否则组合就显得毫无意义了，因此找到组合对象并不难，困难在于找到组合对象后，如何有机巧妙地把它们组合在一起。要做到这点，除了要有知识和经验之外，还需要有丰富的想象力。

有人统计自 1900 年来的 480 项重大创新成果后发现，20 世纪 40 年代的创新成果是以突破型为主而组合型成果为次的；20 世纪 50、60 年代，两者大体相当；至 20 世纪 80 年代，突破型成果逐渐减少，而组合型成果则占主导地位。据统计，在现代技术开发中，技术组合型的创新成果已占据了全部发明的 60%~70%，这一情况说明组合创新已经成为当前创新的主要方式。

（1）组合的类型

组合创意思维形式多样，根据参与组合的事物主次关系及组合的方式，可将组合的类型分为主体附加、异物组合、同物自组和重组组合 4 类。

1）主体附加

又称内插式法，是指以某事物为主体，通过补充、置换或插入新的附属事物，以实现组合创意设计。在主体附加组合中，主体事物的性能基本上保持不变，附加物只是对主体起补充、完善或充分利用主体功能的作用。附加物可以是已有的事物，也可以是为主体设计的附加事物。主体附加法的创造性很大程度上取决于附加物的选择是否别开生面，使主体产生新的功能和价值，以增加其实用性，从而增加其竞争力（图 2-72）。

图 2-72　主体附加，一个事物作为补充添加到另一个事物上

2）异物组合

将两种或两种以上的不同种类的事物组合，产生新事物的技法称为异物组合法。其特点是：第一，组合对象（设想和物品）来自不同的方面，一般无明显的主次关系。第二，组合过程中，参与组合的对象从意义、原理、构造、成分、功能等方面可以互补和相互渗透，产生 1+1>2 的价值，整体变化显著。第三，异类组合是异类求同，因此创造性较强（图 2-73）。

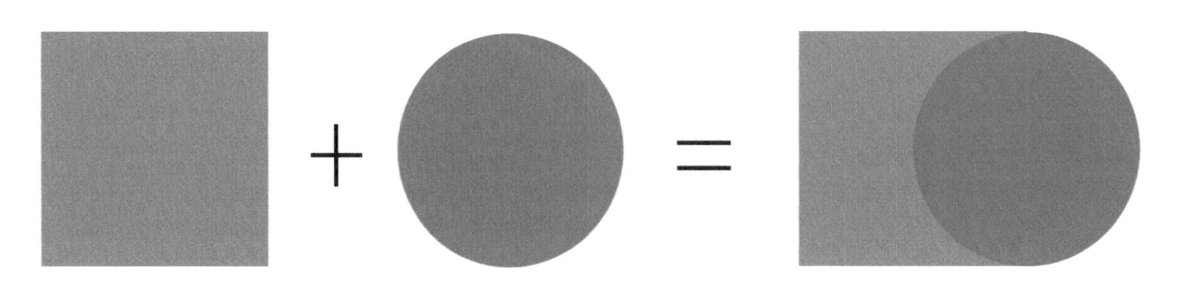

图 2-73 异物组合，两个事物形成一个新事物，无明显主次关系

3）同物自组

将若干相同的事物进行组合，以图创新的一种创造技法。同物组合的目的，是在保持事物原有功能和原有意义的前提下，通过数量的增加来弥补不足或产生新的意义和新的需求，从而产生新的价值。任何事物似乎都可以自组，设计难度不大，技术含量较低，但自组后的效果相差甚远，其关键是选择哪些事物进行自组能产生新的价值（图 2-74）。我们可以从以下三个方面考虑：

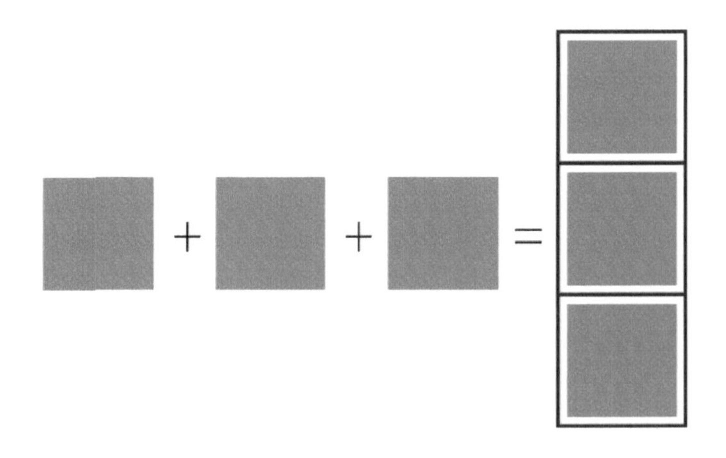

图 2-74 同物自组，相同事物自我组合形成新价值

一是在我们周围，哪些事物是处于单独状态使用的？这需要观察。

二是原来单独使用的事物自组后能否产生新的意义和新的需求？这需要思考。

三是自组能否实现？怎样实现？这需要想象。

4）重组组合

重组组合简称重组，是指在同一个事物的不同层次上分解原来的事物或组合，有目的地改变事物内部结构要素的次序，然后再以新的方式重新组合起来，以促使事物的功能和性能发生变革。重组组合只改变事物内部各组成部分之间相互位置，从而优化事物的性能，它是在同一事物上施行的，一般不增加新的内容（图2-75）。

重组组合有三个特点：第一，重组组合是在一件事物上施行的。第二，在重组组合过程中，可能会形成新形式、新用法。第三，重组组合主要是改变事物各组成部分之间的相互关系。

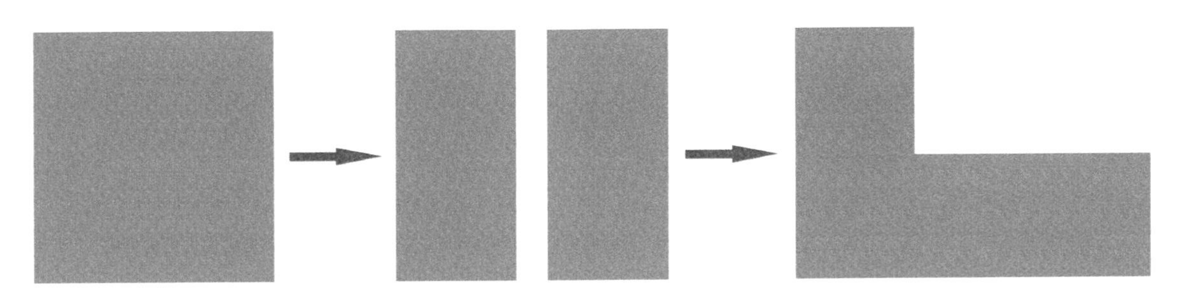

图2-75　重组组合，某一事物的解构重构

（2）组合创新

为实现组合创新，研究人员开发了多种多样的方法以指导具体工作的组合创新，比较典型的有形态分析法、辐射法和焦点法。

1）形态分析法

形态分析法是一种以系统分析和综合为基础，用集合理论排列组合各种问题因素与解决方案的一种创意方法，又称形态矩阵法，棋盘格法等。形态分析法的特点是把需要解决的问题分解成若干基本组成部分，对每个基本组成部分单独进行处理，并分别列出每个基本部分的所有可能的方案形成形态学矩阵，进行排列组合，从众多的组合方案中找到解决问题的最优创意概念。兹美国加州理工学院的兹维基教授1942年在参与研制火箭时发明制定了形态分析法，他以火箭的组成部件为基本因素，对各因素的可能方案进行了不同组合，得到了576种火箭构造方案。

形态分析组合法的创新过程中，可按照以下步骤实施：

①明确设计创新对象与问题。

②将创新对象分析结构为若干个相对独立的基本因素。

③列举每个因素可能的形态，编制形态分析表。在形式上，为便于分析和进行下一步的组合往往采取列矩阵表的形式，一般表格为二维形式，通常用“列”表示独立因素，“行”表示可能的形态，构成矩阵，如表 2-6 为一个书立的形态分析矩阵。

④分别把各因素的各形态一一交叉组合，获得所有可能解决问题的组合方案。

⑤对组合出的方案进行综合分析评价，选出最优设计方案。

书立的形态矩阵 **表 2-6**

基本要素	形态方案		
	1	2	3
固定书方式	夹子	弹簧	螺栓紧固
造型方式	可爱卡通	现代简约	地域文化
放置方式	悬挂墙上	平放桌上	

2）辐射法

辐射组合法是指以某种技术、工艺、材料等为中心，广泛地寻求各种可能的应用领域，形成辐射状的发散，将技术、工艺、材料与这些领域相结合，从而形成新的创意。如下图以太阳能技术为例，自太阳能技术发明以来，通过其辐射组合，现已经发展出了众多产品，太阳能电池、太阳能热水器、太阳能路灯等（图 2-76）。

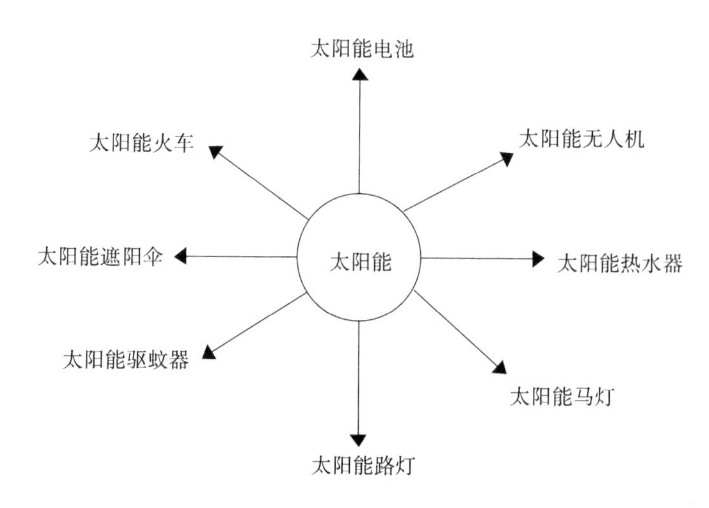

图 2-76 太阳能辐射组合

周围辐射的是一些可应用的领域，通过新发明的竹材与其他领域组合，扩大主材的应用范围，推动现有产品的创新。

那么现在已发明出各种各样的刨切竹皮、竹集成材等新式材料，我们也需要辐射应用这些新材料，找到它们与人们生活相关的领域，扩大竹材应用范围，提升竹资源利用效率。

3）焦点法

焦点法是美国赫瓦德创立的一种强制组合方法。焦点法要将解决的问题作为焦点事物，随便选择几个偶然事物作刺激物，通过焦点事物和偶然事物的组合，获得新产品创意方案的创新方法。这种创新方法既以组合为基础，又充分地运用了联想机制，简单易学，富于想象力。应用这种方法，能在较短时间内能获得较多的新颖构思。

焦点法与任选两个事物进行组合不同，它是指定一个事物，任选另一个事物。也就是说，焦点法是就特定的事物寻求各种创新构思的方法，从而使产生的创新设想更加具体化。

焦点法的实施步骤如下：

第一步，焦点就是希望创新的事物，那么第一步就要先选择焦点事物，确定目标。

第二步，随意挑选与焦点事物风马牛不相及的若干事物作刺激物。 在挑选与焦点事物无关的偶然事物时，要尽量避免与焦点事物相近的东西。

第三步，列举偶然事物的特征。

第四步，将周围偶然事物与焦点事物的特征结合，充分运用联想为焦点事物提出创新设想。

第五步，评价所有的创新设想方案，筛选出新颖实用的产品方案。

3. 案例解析

世界著名的思维训练大师爱德华·德·波诺博士说：“组合是我们利用前人的经验和成果的最佳手段。”

诗人将汉字组合写成一篇篇优美的诗歌；

画家将颜料组合形成一幅幅漂亮的画；

作曲家将音符组合构成一首首动听的音乐；

化学家将分子组合生成了一种种新材料。

巧妙的组合就是创新，组合创意思维在设计创新活动中极为常见并被广泛运用，细心观察与思考就可以发现生活中的很多产品都是由两种或两种以上的事物组合设计形成，如组合音响、组合家具、组合文具。在竹产品设计中，一些设计师也会根据创意方向将竹材、其他材料与不同产品对象等组合产生新设计方案。

如图 2-77“竹 & 皮沙发”的概念源于对沙发的形态分析（表 2-7），重点选择了真皮、竹、现代简约和结构外露组合的概念对沙发进行材料、空间上的重组，其沙发坐垫和背垫采用真皮一体化的设计，主体的框架采用竹集成材，按照立体构成原则，大面积的黑色真皮与黄色竹纹的空灵框架，形成了较大的反差，营造出一种稳定和通透的感觉。

沙发组合形态分析表 表 2-7

基本要素	形态方案				
	1	2	3	4	5
材料	真皮	金属	塑料	竹	木
造型方式	现代简约	自然田园	繁复装饰	中式风格	
结构方式	结构外露	结构内包			

图 2-78 CIRCULAR 竹制儿童自行车以原竹为中心，展开辐射联想，最终产生了将原竹材应用到儿童自行车的创意概念。天然的原竹筒经过不同的设计手法组合应用进儿童自行车上，车把利用竹的空心结构，一分为二并弯曲，配以金属杆固定，使把手与支架连接自然。座位升降部分也利用原竹的特性，纵向一定深度剖成两部分，并利用金属圆箍进行固定，用来自然简单，效果良好。主体车架上的原竹筒采用表面涂饰了白色金属漆的不锈钢套筒连接，过渡自然。该设计中强烈的形态和纹理质感与其他材质组合形成了对比，同时又非常和谐的共存。打破了以往儿童自行车都是塑料、金属、橡胶等材料构成，在儿童时代就开始接触追求自然与生态的可持续发展和绿色设计理念。

电动滑板车因轻便、休闲、娱乐等特点而深受消费者喜爱，

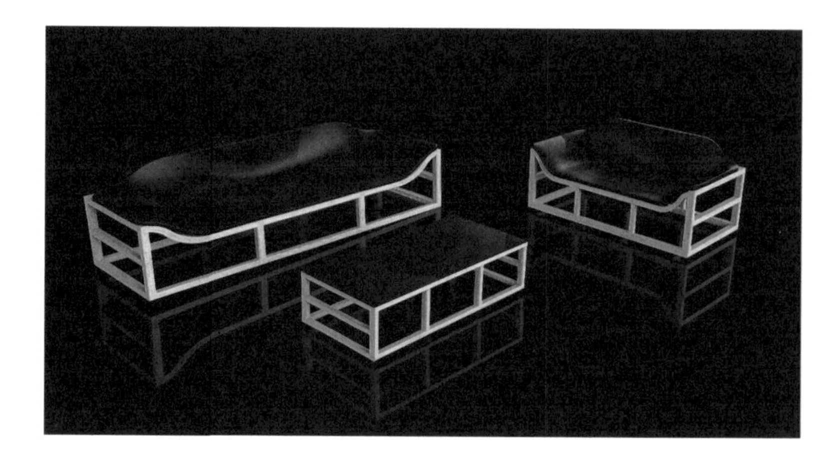

图 2-77　竹 & 皮沙发（设计者：王霞菲 / 指导：陈国东、王军）

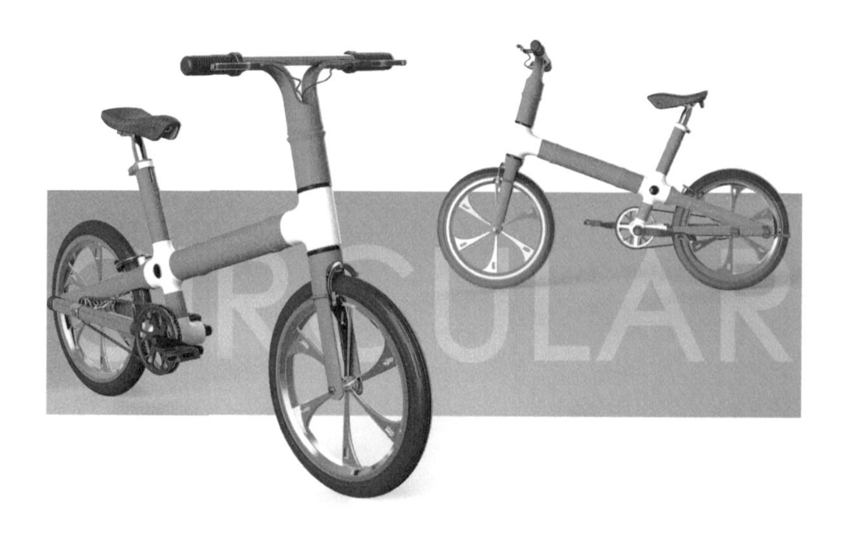

图 2-78　CIRCULAR 竹制儿童自行车（设计者：李正演 / 指导：王军、陈国东）

一些年轻人将电动滑板车当作短距离交通工具使用，如笔者所在学校就常看到有学生骑电动滑板车，上课放到教室，下课就放到寝室，比较方便。图 2-79 作品尝试将竹材与电动滑板车组合进行改良设计，车身支架和零部件是以航空铝合金作为主要材料，所以在形式表达上，多处使用了干净利落的直线条，表现出金属材质的坚固特质，让人感觉刚硬结实，带给人一定程度的安全感。踏板和手柄则以竹集成材为主要应用材料，为了更好地展现竹材可弯曲韧性的性能，局部使用了曲面，体现静谧的流感美。金属与竹材料的结合，给人带来一种科技又淳朴、高端又前卫的感觉，黑色的金属与竹木材搭配，色彩的碰撞带出激情活力的时代潮流感。

图 2-79　电动滑板车（设计者：谢宜珊 / 指导：潘荣、陈国东）

4. 设计实践

实践训练 1：指定一个休闲娱乐主题产品，运用形态分析法或焦点法围绕各种竹材进行分析，展开创意设计一款产品。

设计要求与步骤：

（1）确定主题产品

首先围绕休闲娱乐展开产品联想，从联想的产品中选择确定用于组合的主题产品。

（2）形态分析法或焦点法分析

确定主题产品后，用形态分析法进行分析，探索解构的形态分析矩阵中可组合的竹材方式；或用焦点分析法，围绕主题产品探索可组合的竹材类型与方式。

（3）方案构思

对分析的组合点展开创意设计，同时绘制概念草图方案，在概念草图基础上优选设计方案进行详细设计草图表达。

（4）完成作品设计（课后完成）

对详细的设计草图进一步深化，并进行建模渲染和版面制作表达，完成竹型材的创意设计。

实践训练 2：以竹材为核心，运用辐射组合展开创意设计一款产品。

设计要求与步骤：

（1）竹材辐射联想

由竹材向外辐射展开关联产品的想象。

（2）分析辐射对象

逐一进行分析辐射对象的特点与构成情况。

（3）方案构思

探讨竹材在该对象上的应用的类型与方式，进一步进行组合创意设计同时绘制概念草图方案，在概念草图基础上优选设计方案进行详细设计草图表达。

（4）完成作品设计（课后完成）

对详细的设计草图进一步深化，并进行建模渲染和版面制作表达，完成竹型材的创意设计。

2.3 竹产品综合设计专题

无论怎样的设计理念、风格、模式都需要相应的程序以指导和实现，如此多的要求总是包含有一些基本任务内容，而这些任务内容往往需要相应步骤和阶段才能完成，这些步骤或阶段，就叫作产品设计程序。而产品设计中的每个阶段，都存在不同的设计问题，需要用不同的方法加以解决，每个阶段的完成都是感性与理性交织的过程，每一个解决方案的迸发是感性，而解决方案具体的实施是理性，在两者双螺旋式迭代与进化中，产品设计的进程才逐渐推进，直至完成最终的设计。我们这里所谈的竹产品专题设计，基于教学考虑所涉及的是产品设计开发中的核心阶段，主要由前期规划、设计概念查找与生成、设计创意表达、模型样品制作 4 个关键阶段综合构成（图 2-80），为大家进行竹产品设计的发现问题、分析问题、解决问题的过程提供理论指导和实践指南。在具体的设计课题中，要根据课题的具体情况具体分析，灵活运用，无论在流程的设定、各阶段方法的选择与使用都应具体的规划运用。

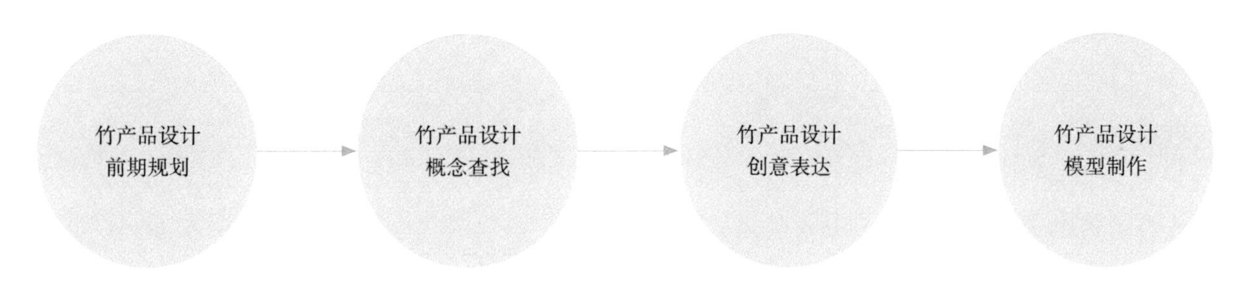

图 2-80　竹产品专题设计步骤

1. 课题要求

课题名称：竹产品综合设计训练

课题内容：竹产品设计关键流程

教学时间：30 学时

教学目的：了解竹产品设计流程，提升有针对性地制定解决各个设计阶段中的主要设计问题的步骤和措施的能力。

作业：以竹材为核心展开综合设计，完成一套竹产品的设计与制作。

作业要求：（1）组成设计团队，以某一个领域为方向（如办公用品、儿童玩具、家居家具等）进行资料的初步收集，并通过小组讨论编制任务书，任务书要符合竹产品的特点。

（2）对任务方向进行概念查找与方案创意，对创意方案进行手绘和电脑效果表达。

（3）根据实验室条件设定制作步骤与方法，制作竹产品样品的比例模型或全尺寸模型。

（4）组长要领导和协调好组内各成员的工作任务。

2. 知识点

（1）竹产品设计前期规划

竹产品设计前期规划是在设计项目正式开始前，需要对具体设计任务可能进行的开发内容和要求进行设定，是对设计开发目标、从事的项目组合、整体项目的时间跨度、每一个子项目的时间以及各子项目之间的关联活动，是竹产品设计项目中获得更广阔策略的前瞻性活动。

竹产品设计项目的初期规划是非常必要的。对于企业而言能够明白设计的过程中需要经历复杂的过程，理解设计的价值不仅仅是一张效果图而已。同时也可以让企业审视自己本企业存在何种优势与劣势，审时度势的企业的情况，在市场中的地位，清晰的了解进行产品设计开发的目的是什么，为什么要进行开发，从而避免漫无目的地开发新产品。因为有太多的企业口口声声表明非常重视创新，能够投入大量时间和金钱进行新产品开发，希望设计团队能够设计出非常有创意的产品。然而在设计开发中真正需要投入资金时却往往出现“顾左右而言他”的情况，常常听到的就是一句话就是“帮个忙画个图就行”。在项目刚启动又迫不及待想要效果图，不按照设计规律办事，这就是其不了解设计，前期规划不清晰所致，企业盲目自信，当真正要投入的时候又犹豫不决。对于设计师而言明确的前期规划能使整个设计工作有序展开，清晰地落实每个阶段的任务及采取的措施，在项目行进过程中容易聚焦于项目内容，时间上也有参照依据，同时也还有利于人员安排，把每项设计任务落实到具体设计小组和个人。

明确的产品设计前期规划，是产品设计顺利进行的第一步，产品设计团队可以紧跟企业设计战略目标，掌握项目所具备的条件与基础，从而开发设计出优秀的产品。若不经过产品设计前期规划，产品设计团队的工作很可能就白费，在设计项目实施过程中很容易出现问题，如产品定位不清晰，比如需求把握不准，设计缺乏良好的切入点，导致后期频繁更改影响正常设计时间；对材料、采购、制造等方面的因素考虑不够而导致后期生产成本难以控制；设计达不到技术要求，生产工艺不符合设计要求，最终影响整个设计项目的进度，导致失败。

企业在生产经营过程中会主动或被动地获取各类信息，这些信息有来自企业内部的管理、研发、营销部分，也有来自外部的客户、供应商、商业伙伴或第三方发明家等，这些信息整理后就是产品设计开发的机会信息库，这些机会信息可简要地分成技术驱动的和需求驱动型。对于技术驱动型机会往往是开发全新的产品或者对原有产品平台产生了质的改变，这种情况下，技术人员占主导居多，产品设计人员基本上比较后期跟进。需求驱动型机会注重平时的调研与数据的积累，营销方面往往可以提供产品的销售趋势与发展方向，用户方面往往可以在功能、使用方式、美学、交互、文化等方面为设计人员提供思路。在众多机会信息中，若决策者认为有一个或者多个信息可以转化为产品设计项目，那么就要开始进入产品设计前期规划阶段。

简而言之，竹产品设计规划就是围绕机会信息对竹产品设计项目的“5W2H”提出初步设想：

What——项目定义是什么？项目的目的是什么？项目需要做哪些工作？

Why——为什么要进行该设计项目？为什么要这样或那样一项内容？

Where——项目中的各项工作在何地进行？从哪里入手？

When——什么时候开始？什么时候结束？什么时候进行？什么时候推出？

Who——为谁设计？谁来完成？为谁服务？谁负责？

How——怎样创新？项目如何进行？如何实施？用什么方式推进？

How Much——项目要达到什么程度？数量多少？质量如何？费用则样？

“5W2H”的回答将有助于设计师认清本质，针对性地解决问题，使项目明朗化，具体而言，可以落实为项目任务书。

项目核心团队组建起来后，为给后续设计实施提供明确的指导，通常要对目标市场和设计团队的工作设想做出更加详细的定义，项目任务书的制定非常必要。美国学者犹里齐和埃平格在《产品设计与开发》中提出设计任务书应该包括下列部分或全部信息：

①对产品的概括描述（一句话）：包括产品对顾客的主要用途，但是要避免包含特定的产品概念。实际上它可以是产品的前景说明。

②主要商业目标：除了支持公司战略的项目目标之外，这些目标通常包括时间、成本和质量目标（如上市时间、预期财务效益、市场份额目标）。

③产品目标市场：产品可能会有几个目标市场。任务描述的这一部分确定了一级市场和开发工作中应该考虑的任何二级市场。

④指导开发工作的设想和限制：必须仔细地制定设想，尽管它会限制可能的产品概念范围，但是它有助于项目管理。有关设想和限制决定的信息可以被附加到任务书中。

⑤利益相关者：一种确保开发过程的细微问题均被考虑到的方法就是，清楚地列出产品的所有利益相关者，也就是所有受产品成败影响的人群。利益相关者列表以终端使用者（最终客户）和做出产品购买决定的外部顾客开始（比如有些产品是给儿童用的，但是掏钱的是大人），利益相关者关系还包括公司内部与产品有关的人，比如销售机构、服务机构和生产部门。利益相关者列表可以提醒团队考虑会被产品影响到的每个人的需要。

如20世纪90年代中期美国施乐公司Lakes项目的任务描述表（表2-8）总结了产品开发团队所要遵循的指导。

美国施乐公司 lakes 项目的任务描述 **表 2-8**

任务描述：多功能办公室文件机项目	
产品描述	• 具有复印、打印、传真和扫描功能的可联网数字设备
主要商业目标	• 支持施乐公司在数字化办公设备方面保持领先的战略 • 作为未来所有黑白（B&W）数字产品和解决方案的平台 • 在主要市场中占据数字产品 50% 的份额 • 1997 年第四季度投放 • 良好的环境
主要市场	• 办公部门，中等效能（40~60PPM，月平均复印量在 42000 以上）
次级市场	• 快速复印市场 • 小型“辅助”操作
假设与限制	• 新的产品平台 • 数字图像技术 • 与中心处理软件 centre ware 软件兼容 • 输入装置在加拿大制造 • 输出装置在巴西制造 • 图像处理装置在美国和欧洲制造
相关利益者（stakeholders）	• 购买者和用户 • 制造及机构 • 服务机构 • 经销商和零售商

在竹产品综合设计教学中，虽然一般都是虚拟的设计项目，但是还是需要让同学们制定任务书，建立设计规划的良好习惯，在今后的实际设计项目过程中，即使甲方未设定任务书，只是口头沟通项目预定想法，也能自己制定任务书，把握项目的指导方向。

（2）竹产品设计概念查找

设计的灵感、创意、概念不是一蹴而就的，这需要长时间的生活经验、情感体验、功能技术、文化感知等方面的积累，工业设计创意不是高科技的堆砌，不是单纯的玩造型，也不是简单的说故事讲情怀，是我们对社会与生活的观察、体验、思考与总结。在竹产品专题中，设计概念方向查找是一个非常重要的环节，有助于设计团队有效的建立起相应主题设计知识的积累，把从中发现的需要解决和可能需要解决的问题与其他各种因素，通过归纳和分析找出主要问题和主要原因，然后根据主要待解决的问题，运用创意思维展开创意概念的发散和收敛提炼，获取主题的概念想法。

设计概念方向的寻查涉及生产、生活、企业、社会等各个领域的方方面面，可以从消费者生活形态、产品、地域文化环境、流行趋势、企业竞争、专利检索等方面内容着手。

1）生活形态

生活形态或称生活风格、生活方式，是一个人或某一群体生活的方式，反映了他们的生活态度、价值观和世界观。这包括了社会关系模式、消费模式、娱乐模式、穿着模式，金钱观念和时间观念等。william Lazer 认为其一个是系统概念，它是某一社会或某一群体与其他社会或群体的不同之处，而具体表现于动态的生活模式中，并受到文化、社会、资源、法律等因素的影响。来自相同社会阶层或职业群体的人，都有可能有不同的生活形态，如一个人工作之余更努力工作，追求事业成就的生活形态，而另一个人则可能希望与家人融洽地生活，享受家庭之乐，而还有人则更可能选择户外休闲娱乐的生活形态。

生活形态的调查最常用的方法为活动（activities）、兴趣（Interests）、意见（Opinions），即 AIO 法。活动是指一种具体、明显可见的行动，如购物、运动等通过观察就能得知，但是其原因不容易衡量；兴趣是指人们对某些事物引发的特别的或连续性的注意；意见是指人在外界情境刺激下，对于所产生的问题给予口头或书面回答，用来描述对于问题的解释、期望和评价。AIO 法的内容如表 2-9 所示。

2015 年《城市画报》联合腾讯问卷展开了一项中国青年生活形态调查，调查范围覆盖全国 273 座城市，共有 4186 个青年参与调查，其中 90 后受访者占了 66%。调查结束后推出了“2015 中国青年生活形态调查报告”，报告从问卷调查的数据里梳理出了 2015 年六个方面年轻人的生活方式，简要概括如下（完整报告见《城市画报》2015 年 12 月刊）：

AIO 生活形态量表 表 2-9

活动	兴趣	意见	人口统计
工作	家族	自我	年龄
嗜好	家庭	社会	教育
社交	职业	政法	所得
假期	社区	商业	职业
娱乐	消遣	经济	家庭人数
社团	世贸	教育	住所
社区	食物	产品	地理区
购物	媒体	未来	城市大小
运动	成就	文化	家庭生命周期

①移动互联网行为方面：习惯使用手机购物、阅读及订制服务，也乐于接受新媒体营销，有 3 成年轻人离开手机会感到孤独。深度参与虚拟社交，虚拟社交网络已经覆盖 96% 的年轻人，或许是因为社交生活向线上转移，越来越多的年轻人养了宠物。

②社会参与方面：在“大众创业、万众创新”热潮之下，年轻人有极大的创业热情，调查中有 7 成年轻人开始考虑创业的可能。同时，除了使用移动互联网更便利地安排生活，年轻人更懂得用互联网开拓自己的事业、视野，以及通过互联网维护自己的权益。

③日常休闲方面：文艺爱好成为生活日常，看书、看电影一直是年轻人最经常的休闲方式，尤其是看电影，远远高出打游戏 3 个百分点。

④理财消费方面：热爱电子、数字产品，年轻人消费谱系里比例最多的为数码产品。

⑤性爱家庭方面：接近一半的访问者表示和父母的关系“越变越好”和“没怎么变”，不过，00 后中“越变越差”的比例偏高，可能与他们正处在叛逆期有关。而在有性伴侣的受访青年中，超过 9 成是 1～2 个性伴侣，随着年龄的增加，使用情趣用品的比例也在增加。

⑥自我认知方面：超过一半的年轻人知道自己的价值在何处，自我认知清晰。同时年轻人有更大的自信和勇气去改善自己的外形，健身、跑马拉松、减肥、整容都有很高的追捧度，他们也追求更健康、更美、更有尊严的活法。

2）产品相关

产品相关概念查找在于收集、整理、分析市场中同类产品在结构、技术、功能、材质、造型五个方面资料，从而掌握产品的现状与发展规律。通过产品现状概念查找研究可以让企业对本企业产品在市场和消费者中的位置有个理性的认识，可以了解消费者对该类产品的需求，可以通过对产品的分析，探索产品的发展趋势，做到扬长避短，提高企业的产品竞争力。

产品的结构、技术、功能、材质、形态五大构面是产品设计得以实现的物质载体与表现形式。对于设计师而言在产品中选择合适的技术、设定合理的结构、呈现适当的功能、搭配适宜的材料、展现完美的造型，从而塑造全新的精彩产品。历史上许多经典的产品都是在这五大构面的某一方面或某几方面进行创新而闻名的，因此在这五方面寻找设计概念想法方向也是很重要的途径。

①结构：任何物质都有其具体结构形式，自然界中很多动物都是精妙结构工程师，如蜜蜂的蜂巢是严格的六角柱形体。它的一端是六角形开口，另一端则是封闭的六角棱锥体的底，由三个相同的菱形组成，组成底盘的菱形的钝角为 109°28′，所有的锐角为 70°32′，经数学家计算这样既坚固又最节省材料，目前有很多产品和建筑都参考了蜂巢结构（图 2-81）。按照结构的观点，无论多复杂的产品均可视作由若干个零部件组成，这些零部件之间的关系总和就为该产品的结构，结构是一个产品之所以成为有机整体的必要条件，反映了产品制造工艺水平。结构美是产品美学的特别现象，优秀的产品无论其结构是外露还是内含，设计得都非常干净利落、交代明确、结构合理，往往也更加受消费者的青睐。通过对同类产品与近类产品的结构调查，充分了解相关产品的结构发展水平，结合竹材进行产品的结构创新，为竹产品的结构发展探索新方向。

②技术：照明技术的出现照亮了漆黑的夜晚，通信技术的出现拉近了人们的距离，交通技术的出现颠覆了人类的出行方式，每一项技术的出现和革新都让人类更加便利的生活与工作。自 18 世纪中叶以来，人类社会已经历了三次工业革命时代，蒸汽机所开创的“蒸汽时代”，标志着农耕文明向工业文

图 2-81　蜂巢结构

明的过渡，是人类发展史上的一个伟大奇迹；发电机、内燃机为代表的“电气时代”，使电力、钢铁、铁路、化工、汽车等重工业兴起，并促使交通的迅速发展，世界各国的交流更为频繁；以微电子技术、纳米技术、计算机技术、互联网技术为特征的数字信息时代，全球范围内的发明创新增量迅速，信息和资源交流变得更为快速。2016 年 3 月谷歌围棋人工智能 AlphaGo 以 4：1 的比分战胜世界顶级围棋棋手李世石震惊了世界，预示着以人工智能技术为代表的智能时代正悄然来临。因此作为设计师要不断加强学习，更新自己的知识结构，及时了解和掌握新时期科技发展的前沿动态，思考如何将人工智能、生物技术、无人控制等全新技术应用到竹产品中，为竹这一传统材料插上新技术的翅膀，不断改进和开发新的竹产品。

因此，我们在对竹产品技术方向概念调研查找时，不应局限于现有竹材的相关加工制作技术，还要对新时期出现的相关新技术、新工艺发展状况进行研究，思考将之应用到竹产品设计概念中。

③功能：椅子是用来坐的，衣架是用来挂衣服的，产品要达到预定的作用，在功能上必须保证不能有半点差错，一个竹产品存在的前提是具备基本的功能，对于日常生活而言没有功能的产品是没有意义的。随着社会发展与生活水平的提高，人们对产品功能的要求也越来越高，消费者总是希望购买具有更多使用功能的产品。因此，寻找竹产品的概念时可以从功能的角度出发，进一步改进和拓展原有产品的功能，设计出功能更贴心的竹产品，方便人们的使用与操作。

竹产品功能概念的查找可以从产品自身发展与外部借鉴两方面着手。产品自身发展重点从竹产品本身出发，调查消费者对原有产品功能的使用反馈，分析提炼功能存在的问题，找到设计突破口，然后尝试加以改进与完善。外部借鉴则从引导产品增加功能出发，调查不同类型的产品功能，查看其是否可移植到要设计的竹产品中，以此找到设计概念的突破口。需要注意的是从外部借鉴的功能可能非常多的，能否应用到产品中要考察是否能被消费者接受，否则负载太多功能的竹产品，不仅不会引起消费者的喜欢，而且增加的功能会非常累赘，功能的完善与增加都要做到适当设计。

④材质：人类从石器时代、陶器时代、铜器时代、铁器时代步入现代的人工合成材料时代，无论是自然材料还是人工合成材料，人类早就注意到各种材料的基本特性，对材料及其呈现的质感积累了丰富的认识。材料早已成为人类赖以生存和生活中不可缺少的重要部分，它是构成产品的物质基础。材料是产品设计的基础，只有充分认识材料的特性，合理地运用材料才能真正地解决满足人们生理、心理需要的产品设计问题。

由于每种材料都有光泽、肌理、透明度、反光率不同，在感觉系统的作用下，人们对不同的材料会产生不同的感受，即质感。如通过浇铸方式生产的金属制品给人产生凝重、庄严、肃穆之情；采用冲压方式将金属片或金属丝弯曲成型塑造的制品则富有轻盈、弹性、灵巧精致之感；表面经过腐蚀、打磨、喷砂、锻打等表面处理工艺的金属制品则带有朦胧的光泽，显得含蓄而富贵。质感就是人对材料的生理和心理的情感反馈，这种情感反馈可以在产品中广泛引用，并可以带给产品设计新的思路和方法。

虽然是竹产品专题设计，我们在设计时不能局限于竹材料及其质感的探讨，可尝试引入其他类型的材料，与竹材形成对比，如果能善于将竹材与其他材料进行组合，正确地抓住质感与情感感知，将会给竹产品设计带来新的体验和创意。

⑤形态：产品形态是物理尺度下的空间实体，是通过材料、结构、人－机关系以及生产工艺等因素展示出的产品外在表现，是设计师向消费者传达思想和理念的物化。作为产品与使用者直接交互的界面，产品形态包含了“形”、“态”、“意”三个层面。

所谓“形”通常是指产品的外形或形状，如我们常把一个物体称为圆形、方形或三角形。“态”是指蕴涵在物体内的“神态”或“精神态势”，是人对产品的直接情绪感知，产生一种对视觉形象条件反射式的表现，这是最基础层次的情感性认知。形与态仅是产品外形的两个方面，只有融合了意才能构成完整的产品形态。人们在看到一些产品时，会思考这是个什么物品，该如何去使用，表达了何种风格意象与人文特征，有什么内涵等，这种功能导向就是产品外形所表达的意。若态是对形的直观反应，意则是对形与态所蕴含的内隐性知识的推敲与分析，是人与产品形态更深层次视觉交互的结果，包含类别认识、操作使用和风格表征三个方面。类别认识是指该外形被辨别出是哪种产品，使得客体对象的外形与主体记忆中的产品类型相对应。操作使用产品的外形是实现产品特定使用功能的载体。通过产品外形向用户传达该产品的使用方式、操作流程等一些物理行为的内容，满足人们的实际用途。风格表征构成产品外形时一系列造型元素通过不同的构成文法表达出来的独特形式，如宝马汽车形态风格，斯堪的纳维亚设计风格，后现代主义风格等。而同类产品可以体现不同的风格，不同类的产品也可以体现相同的风格。

目前对产品形态的研究一般从情感化设计角度出发，重点研究形态的“态”和“意”中的风格。竹产品形态方面的概念查找可以用感性意象的方式进行，即首先收集大量产品，然后筛选出一定数量的形态上具有代表性的产品进行调查与意象分析，以便找寻要设计的竹产品的形态发展趋势，探索形态设计概念（图 2-82）。

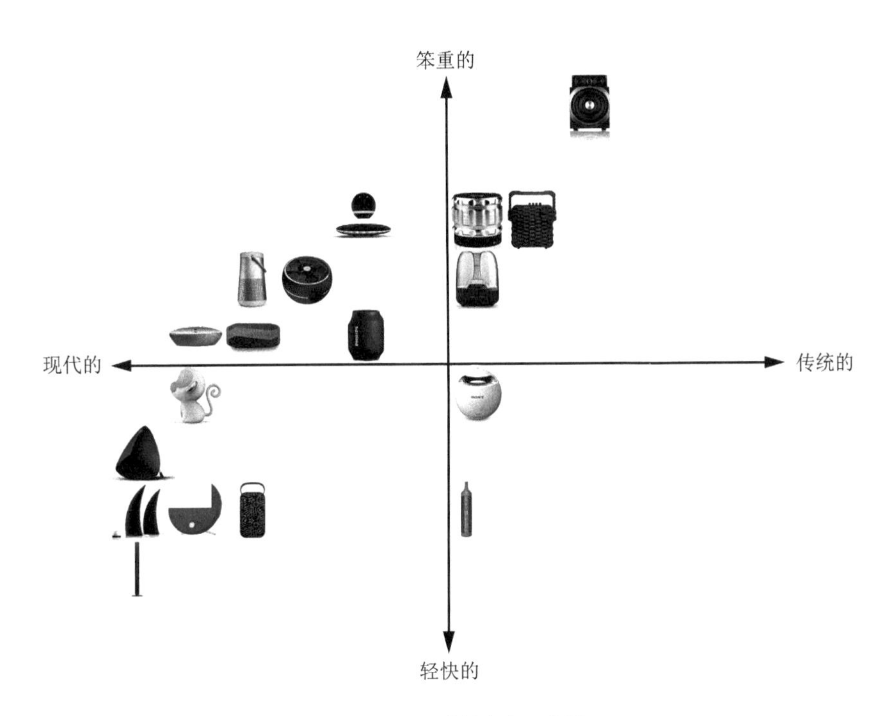

图 2-82　感性意象尺度图

3）地域文化环境

20 世纪 90 年代初，荷兰文化协会研究所所长吉尔特·霍夫斯塔德（Geert Hofstede）在其著作《文化的结局》一书中指出：文化是在处于同一个环境中的人们共同的心理程序，即具有相同的教育和生活经验的人们所共有的心理程序。

在一定时间和空间，与某一种生产行为和生活习俗相联系而产生的文化现象，就成为该地区的文化特色；众多相互关联的文化特色集合为文化丛，文化丛发源地向外扩散；人们对文化特色的选择与结合显示出不同地区的特征，从而形成特定的文化类型和文化区域或文化圈，这个文化区域或文化圈，就是我们所说的地域文化。由于各地自然条件、地理环境、人文因素的差异，不同地域文化环境下的居民心理、性格习惯、思维模式、行为方式和语言风俗诸方面都会有所差异，设计师可从不同地域文化差异中启发思考产品设计的创意概念。

跨文化的研究也表明在不同的文化背景的人对产品的要求是不一样的。20 世纪 90 年代，德国教育研究部组织大学和企业共同研究跨文化对人 - 机界面设计的影响，其中的颜色认知差异的研究表明同样的颜色和意义，不同的民族有不同的认识和反应（表 2-10）。荷兰代尔夫特理工大学工业设计工程系的一项研究荷兰和韩国厨房电器的差异项目中，要求两个文化群体的参与者通过日志记录厨房活动，然后参与焦点小组讨论梦想的厨房设计，分析结果表明韩国人强调积极的情感体验，而荷兰人更注重电器的功能性和存储空间。

中美两国人对颜色含义的不同感知 **表 2-10**

颜色的含义	中国大陆		美国	
	颜色	比例（%）	颜色	比例（%）
停止	红	48.5	红	100
危险	红	64.7	红	89.8
开始	绿	44.7	绿	99.2
当心	黄	44.8	黄	81.1
冷	白	71.5	蓝	96.1

竹产品设计不是孤立于社会的单独存在，而是要在复杂的社会环境中进行，不同的经济、人文、艺术社会环境既可以给竹产品的设计带来约束限制，也可以带来市场机遇。特定的地域人文环境催生独特思维模式，设计师在进行竹产品概念思考时要调查竹产品所要销售的社会文化环境，判断分析该文化的特点，发现和预测潜在的文化需求，从而提炼可用于竹产品创意的概念。

4）流行趋势

流行趋势是指一个时期内社会或某一群体中广泛流传的生活方式，是一个时代的表达。它是在一定的历史时期，一定数量范围的人，受某种意识的驱使，以模仿为媒介而普遍采用某种生活行为、生活方式或观念意识时所形成的社会现象。

流行趋势主要有热潮型和趋势型两种形态。热潮型是一个时间段内盛行的流行文化现象，其传播非常迅速。如2017年的一只萌丑的玻尿酸鸭突然走红，圆圆的脸蛋，鼓鼓的嘴巴，就跟打了玻尿酸一样，随之而来就有人就看到商机，适时的推出了以玻尿酸鸭为设计元素的产品，抢占市场（图2-83）。

图2-83 玻尿酸鸭及以其为符号元素的拖鞋、手机壳、隐形眼镜盒

趋势型是由某种价值观形成的一个时代的流行现象，它往往是在某一专业领域长期的酝酿后在社会上形成的一种潮流与方向。如20世纪60年代开始兴起的极简主义，在21世纪发展成为一种国际性的设计趋势，其简约不加修饰，清晰明快的视觉层次，迎合了相当一部分人对生活的诉求，一些知名的产品都采用了极简主义的设计思想（图2-84）。

图2-84 极简产品

流行趋势可以通过网络、电视或其他传播媒介调研进行，也可以通过收集相关产品的流行趋势报告进行，或者通过行业展览、博览会的调研进行。社会流行趋势方面的概念查找着眼于竹产品的未来，受流行趋势的影响，一部分人会产生相应的心理需求，竹产品的概念可从当下社会中的流行趋势中寻找设计元素，提炼创意概念从而应用到竹产品中。

5）企业竞争

只有充分的设计竞争才能使竹产业良性发展，企业才有动力研发优良的产品，追求更好的发展，通过了解分析企业的竞争情况也是寻找竹产品概念的重要手段。

设计师在企业竞争中寻找创意概念时可从三方面展开。一是从服务的企业着手，重点调查企业的生产、工艺、制造、成本、产品等情况，提取企业存在的竞争优势，并转化为竹产品设计的创意概念。二是从竞争的竹产品企业着手，收集相关企业各项资料，分析其优势和不足，重点对其不足方面展开研讨，查看是否可以作为创意突破口展开概念设计，以期开发的产品与这些企业相比具有特定的竞争优势。三是从竞争的非竹产品企业着手，同一类产品，比如鞋架，不仅竹制品企业在生产销售，同时一些金属制品、塑料制品、木制品企业也都在生产销售。调查这类企业重点研究这些企业的产品特点，是否值得学习运用到自己企业中，形成符合竹制品的创意概念，既能与这些企业形成差异化，又能获得自身的优势。

6）专利检索

专利（patent）一词来源于拉丁语 Litterae patentes，意为公开的信件或公共文献，是中世纪的君主用来颁布某种特权的证明。在现代，专利一般是由政府机关或者代表若干国家的区域性组织根据申请而颁发的一种文件，这种文件记载了发明创造的内容，并且在一定时期内产生这样一种法律状态，即获得专利的发明创造在一般情况下他人只有经专利权人许可才能予以实施。

专利文献作为技术信息最有效的载体，囊括了全球 90% 以上的最新技术情报，相比一般技术刊物所提供的信息早 5~6 年，而且 70%~80% 发明创造只通过专利文献公开，并不见诸于其他科技文献，相对于其他文献形式，专利更具有新颖、实用的特征。

目前专利的利用率非常低，当中巨大资源还远未被利用，在竹产品设计时可以通过细致、综合、严密的相关分析从专利文献中得到大量有用信息。通过公开的专利文献，可以从中受到启发，形成有创意的竹产品概念。同时专利失效后就成了全社会共同的财富，人人都可以直接使用，在进行竹产品创意时可以分析是否可以直接结合到产品中，形成创意概念。

（3）竹产品设计创意表达

竹产品的创意概念清晰后，那么接下来就要通过产品设计表现手段将概念想法转化为视觉形象，竹产品创意设计表达是设计师通过个人的理解，以视觉符号的组合来表述竹产品的概念信息与内涵，是竹产品专题综合设计中重要环节。如果说文字是作家的语言，五线谱是音乐家的语言，数字符号是数学家的语言，那么方案的创意表达就是设计师的设计语言，是设计师必须具备的基础能力。它一方面记录设计过程、思考的重点，供设计师自己推敲之用，另一方面是作为展示给有关客户、生产、销售等各类人员，进行协调沟通，从而实现设计构思之用。

1）手绘图解表达

美国工业设计师协会 1998 年就工业设计的人才规格向全美的设计公司、企业的设计部门等工业设计毕业生的主要就业单位进行了问卷调查，以了解就业市场对工业设计教育的要求。问卷中列举了工业设计毕业生 26 项应具备的专业资质和技能，要求对这些项目的重要性作出评价，结果表明 2D-概念草图能力排在第二位。澳大利亚工业设计顾问委员会的一项调查也指出优秀的草图和徒手作画是工业设计专业毕业生要具备的重要能力。

手绘图解表达在整个设计流程中占有十分重要的位置，它是设计师将前期形成的各种抽象概念转变为具象方案的一个十分重要的创造过程，它实现了抽象思考到图解思考的过渡，是设计师对设计对象的推敲理解完善过程，是综合各种设计制约和可能的基础上的设计方案的呈现。经验丰富的设计师都有很强的徒手表达能力，能够迅速的将抽象的问题，依靠手绘图解的方式加以解决。手绘图解表现在设计过程中的不同阶段，表现方式是不一样的，功能也有所不同，大致可分为构思草图和手绘效果图。

①构思草图

为展开和确认设计方案，利用草图对脑海中的概念进行推敲，并将思考过程绘制表达出来，这类手绘图解表现图一般较为简略，称之为构思草图。构思草图一般用作设计师个人推敲，整理后也可用于设计团队内部交流，较少对外公布。

构思草图偏重于思考过程，无论是缜密的思考还是突然的灵光闪现都可以记录，构思草图可以帮助设计师展开不同的设计思路。为了将创意概念清晰化，设计师往往要针对同一概念发散思维探索多个设计方案草图，一些方案可能只有零星局部，而一些方案可能概括完整，每一个草图方案都蕴藏着发展的可能性，都可以进一步拓展设计空间，衍生出更好的设计方案。经过一系列构思草图的推敲，设计师逐渐将各种可能性概念进行深化、发展，并走向成熟，最终将抽象的想法转变成现实的视觉形象。

由于头脑中的构思稍纵即逝，必须快速地记录下来，构思草图的表达一般都显得轻松随意，表现技法和材料选择上不会有太多的要求，中性笔、铅笔、圆珠笔、马克笔等都是重要的工具，纸张载体也没有什么限制，甚至有人灵感来了直接在纸巾上绘制草图，如《星球大战：原力觉醒》中萌宠机器人 BB-8 的最初形象就是导演 J · J · 艾布拉姆斯在纸巾上绘制的（图 2-85）。

构思草图表现方法和尺度也比较开放不拘泥，依据构思表现的角度不同往往会有平面图、剖面图、透视图、爆炸图、使用场景图、细节图等。平面图以产品的某一立面为对象展开设计，推敲该面所要呈现的效果；当设计师思考产品内部构造以及内部构造与外部造型关系时，常会用剖面图方式进行推敲；透视图是最常用的方式，主要用于查看产品的立体效果，表示产品的整体情况；爆炸图一般是产品的构思表达比较完善的时候采用，用以探究产品的部件构成情况及各部件之间的关系；使用场景图不仅仅关注产品本身，而将产品与使用及情境结合，探索在何种环境中如何使用该产品；设计师运用细节图来放大产品的某个局部，推敲该局部的连接情况、结构关系或者形面的过渡的处理情况等。此外，有些重要的，或者单纯的图示不能表达清楚的内容，一些草图中往往还借助简要的文字，尺寸标注等方式加以补充。

图 2-85　机器人 BB-8 最初草图和手办模型

②手绘效果图

当构思草图阶段完成后，设计师或设计团队将构思草图筛选可行性较高的方案作为重点发展，对优选方案进行深入的表达，绘制比较正式的图，形成较为成熟的产品方案，直观地向设计团队之外的人传达产品设计方案的视觉效果，这种图表达较为完整，称为手绘效果图，其功能如表 2-11 所示。

手绘效果图的功能 表 2-11

传达对象	功能
设计团队内部	交流设计方案，协作更进一步深入研讨方案的优化
消费者	用于消费者测试，调查产品的受众对方案的评价情况，评估方案市场前景
项目管理决策者	便于项目决策者给出决策意见
生产加工技术人员	作为设计后续阶段的设计依据

手绘效果图偏重于方案传达性，不像构思草图需要尽可能的发散思维探索可能，手绘效果图则需要收敛性思维，将方案进行更合理更成熟的设定。手绘效果图不是夸张和个性化的艺术绘画，具有实用性特点，绘制过程中一定要注意表达清楚与帮助有效沟通是其表达的首要重点，它比构思草图更精致和正式，需要清晰、完整地表现创意概念的各种特性，如图 2-86 为设计师刘传凯设计的小牛 M1 电动车。

图 2-86 小牛 M1 手绘效果图（设计者：刘传凯）

2）计算机三维表达

经手绘效果图确认的产品，其设计方案就已经非常明晰了，接下来就需要对其进行三维效果的模拟，进入计算机三维表现阶段，也称计算机辅助工业设计（CAID，Computer Aid Industrial Design）。计算机三维表达利用计算机技术对产品的构造、形态、色彩、功能、材料、表面处理等要素进行综合性的仿真，以传达产品效果，有经验的设计师的产品渲染效果往往能达到以假乱真的程度。

手绘图解表现是在二维的空间上传递产品的信息，计算机三维表达则是在虚拟的三维空间中模拟产品的具体效果，并进行量化和数据化，是实现竹产品转化为现实生产力的重要一步，其作用如表2-12所示。

计算机三维表达的功能 **表 2-12**

功能名称	解释
概念表现	可以辅助各类概念方案的三维表现，对形态、色彩、材料、细节等方面评估，分析和检验概念的构思效果
装配组合	进行产品结构、外观的装配模拟，方面与后续打样与生产对接
演示产品	在对外说明与宣传时，可以用来演示产品的功能模式、结构形式、工作原理、外观造型等

在竹产品设计中，我们一般 Rhino 软件结合 KeyShot 软件来表现产品的三维效果，两者的组合使用。Rhino 英文全名为 Rhinoceros，中文称之犀牛，是美国 Robert McNeel & Assoc 开发的专业三维建模软件。因其功能强大、简单易学、模型精度高，自 1998 年推出以来被广大工业设计师所推崇，在高校工业设计专业中也应用广泛。

Rhino 中的 NURBS（Non-Uniform Rational B-Splines）基于数值定义的建模方式，准确度高，不仅能建立复杂的曲面，也能构建尖锐的边缘，可以得到任何能想到的造型。由于生产工艺的原因，通常情况下，不像塑料产品具有复杂的造型变化，竹产品的造型都比较简单，因此，Rhino 是非常适合于竹产品的建模。只要在手绘阶段将竹产品的各部件的比例关系，形面关系，结构关系等表达清楚，再配合合理的建模思路，就能运用 Rhino 非常快速的构建产品的模型。

KeyShot 是 Luxion ApS 发行的一款互动性的光线跟踪和全局光照渲染软件，无须复杂的设定即可呈现高精度相片般的效果。KeyShot 已成为众多工业设计师首选渲染软件，它可以让使用者在调节渲染参数的同时能够在软件中直观表现出渲染的效果，提高了渲染效率，避免使用者陷入繁杂的参数设置，可以将更多的精力投放到设计和创作上。KeyShot 可以当作独立的渲染器与 Rhino 结合，也可以作为 Rhino 的插件直接与 Rhino 无缝对接。

KeyShot 软件比较容易上手，即使是初学者也能渲染出不错的产品效果。需要注意的是软件自带的材质库中没有竹材，在渲染竹产品前要根据要表达的竹材质效果收集制作相关贴图。同时，由于竹材的纹理具有方向性，在贴图时，竹产品中交接的两个面的竹纹要按照真实的纹理方向调整，否则会出现失真的情况。

（4）竹产品设计模型制作

竹产品设计模型是指在没有开模具、产品上市之前，根据设计方案利用相应的材料、工具和方法制作的实体化样板，是表现竹产品设计意图最直观、最真实的一种方式，在竹产品企业的设计开发过程中应用非常广泛。模型的制作由于实体的可视化和可触化，把二维的平面图形转化为客观空间，立体地反映了产品方案的各项特征，为进一步调整、修改和完善方案提供实物参照，是保证设计方案转化为正式产品的可靠手段，具有如表 2-13 所示 4 点功能。

竹产品模型的功能 **表 2-13**

1	在客观的物理环境表现产品的外观、色彩、尺寸、结构、操作方式、工作原理、肌理、材质等
2	可用于研究解决效果图中不能充分表达的地方和未能直接感知的产品造型中具体空间问题，如细部与整体的协调关系、外观与内部结构的关系等，从而纠正图纸到实物之间的视觉差异，通过实际的接触可检验产品人机关系、功能的适宜性和操作的合理性等，从而进一步发展和完善设计构思，调整修改设计方案
3	可用于和工程技术、企业管理人员、消费者等交流、研讨、评估和决策，使相关人员能够了解设计意图，并对设计方案作充分的分析和探讨
4	在产品正式投产前提供可行性分析的研究依据，如确定加工成型方法、工艺条件、生产成本等，从而确定生产方案

1）竹产品模型分类

根据模型在产品设计过程中发挥的实际作用，竹产品模型可分为研究模型，功能结构模型、外观模型和样机模型。

①研究模型：研究模型又称草模或初模，是设计师在设计初期根据创意概念，在构思草图的基础上，自己制作表现产品形态、尺度、比例、布局等关系的模型。研究模型与构思草图如同一对孪生姐妹，构思草图用于表达设计构思，研究模型用于检验设计思路。研究模型主要用概括性的手法表现产品形态、尺度、比例、功能件布局安排等，强调表现产品设计的整体概念，初步反应设计概念中的各种关系，而不过多细部的刻画，一般也不施加色彩。

竹产品的研究模型中，若是小型产品的模型，可直接制成 1：1 大小的模型；而对于大件产品的模型，可按适当比例制作小比例模型。制作的材料不一定局限于竹材，也可以采用卡纸、瓦楞纸板、KT 板、木材等其他材料。

②外观模型：外观模型通常在设计方案基本确定后，设计师或专业的模型制作者根据方案制作的外表观感模型，是达到设计标准的外观模型。外观模型一般不涉及产品的内部结构，但在视觉上要求真实地表现产品整体造型与细节，涉及视觉光感的内容都要求精细制作。

竹产品的外观模型一般要求制成全尺寸模型，材料上也要按照设计要求选用，供项目决策者、生产厂家和相关设计人员审定。外观模型的外观逼真、真实感强，定案的外观模型可直接用于对外宣传、展示和交流产品用。

③功能结构模型：功能结构模型用来表达和研究设计构思方案的功能、结构、人机操作关系等，是验证产品机能构造的效用性和合理性的模型。一般而言，若设计构思的功能结构模糊，或者有多个功能结构方案需要抉择，又或者需要收集功能结构的实验数据（如人机尺度分析）等，就需要制作功能结构模型来寻找设计中存在的问题，并修正、优化、完善设计方案。

功能结构模型侧重于设计方案的机能构造研究，不注重产品的外观效果表达，因此竹产品的功能结构模型可采用木材、KT 板等材料制作，当然直接用竹材做就更好，重点在于表现设计构思方案的机能构造。

④样机模型：在产品量产前，往往需要制作一个与真实产品一致的模型，称之为样机模型。样机模型是产品模型制作的中的最高表现形式，立体的反映了产品的外观、色彩、人机尺度、结构、使用环境、操作方式、工作原理等特征，可用于交流、研讨、评估，检验设计方案的合理性，为进一步调整、修改和完善方案提供实物参照，同时也可为产品正式投产前提供可行性分析的研究依据。

样机模型可以直接当作真实产品制作，用于各类宣传材料中对外传达产品，参加展会与消费者面对面接触，让消费者直接的感受产品的效果，直接影响产品投放市场后的效益。

竹产品的样机模型无论对产品的外观特征、结构，还是使用操作都要严格按照设计要求，在制作时要采用真实的材料，形态、色彩、材质机理、界面、尺寸、连接结构、功能表达等都需要与最终量产的产品相同，其基本加工步骤如表 2-14 所示。

竹产品样机模型制作步骤　　表 2-14

步骤	名称	详解
1	前期准备	准备好图纸，构思模型制作思路，购买和准备材料和工具
2	基本型加工	根据每个部件的尺寸，裁出各个部件的大形
	精确型制作	基本型加工出来的部件上还没有具体的造型细节，比如一些榫、孔、槽、倒角
3	安装装配	根据设计要求，采用榫接、胶黏剂和钉子等方式将各部件组合一体，并进一步修正表面、转角和结合缝
4	表面涂饰	竹材表面涂饰一般都为透明涂饰，从而保留竹材的纹理。透明涂饰的工序是：①对模型进一步打磨修整；②涂饰颜色漆对竹产品染色（如果不染色，则这一步骤可省略）；③颜色漆干燥后喷涂清漆。在涂饰过程中，如果不同部件的颜色不同，则需要拆开后涂饰，如果不能拆开的则需要遮挡分界后在涂饰。值得注意的是与饮食相关的竹产品一般不上漆而是涂食用油，如砧板
5	最后调整	将拆分开的部件重新安装，检查涂饰后的效果，最终修整完成模型制作

2）竹产品模型制作工具

竹材中既有传统的原竹，又有现代化工艺加工成竹集成材、薄竹材、重组材等，除个别原竹加工工具不可通用，基本上所用的工具和设备大致相同，差别不是很大，按照加工方式分常规的工具可分为标记刻划工具、测量工具、切割工具、开孔开槽工具、打磨整形工具、固定工具、开孔工具、安装工具、装饰喷涂工具等。

①标记刻划工具：标记刻划工具用于在竹材上画出加工轮廓，如各种笔、圆规、高度划线尺等（图 2-87）。

②测量工具：测量工具用来测量模型制作过程中的尺寸、角度，常见的有卷尺、直尺、角度尺、游标卡尺（图 2-88）。

③切割工具：切割工具用于分割出部件的形状，常见的有勾刀、剪刀、钢锯、曲线锯、钢丝锯、切割机（图 2-89）。

④开孔开槽工具：开孔开槽工具用于在部件上挖孔，开槽，常用的有凿、铲类和钻类工具（图 2-90）。

⑤打磨整形工具：打磨整形工具用于竹产品模型的磨边修形，常用的有砂纸机、锉刀、砂轮机、电动修边机、抛光机、电动打磨机（图 2-91）。

⑥固定安装工具：固定安装工具用于加工模型时用于固定部件和装配紧固部件之间的结构，常用的有台钳、平口钳、螺丝刀、钢丝钳、扳手等（图 2-92）。

⑦装饰喷涂工具：装饰喷涂工具根据竹产品的设计要求装饰美化模型的表面，常见的的有激光雕刻机、油漆刷、喷枪等（图 2-93）。

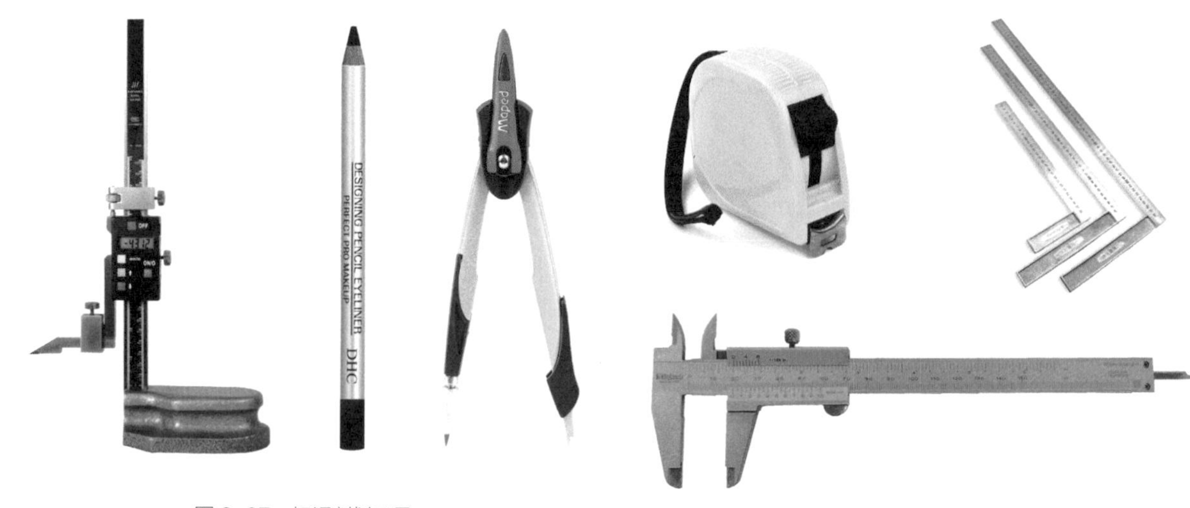

图 2-87　标记刻划工具

图 2-88　测量工具

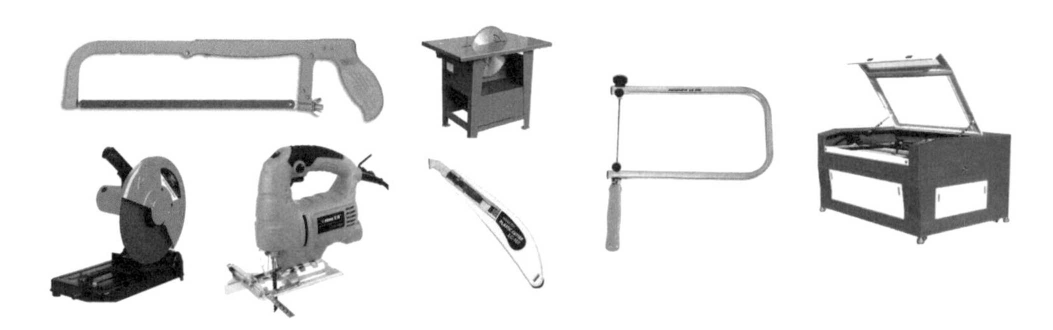

图 2-89　切割工具

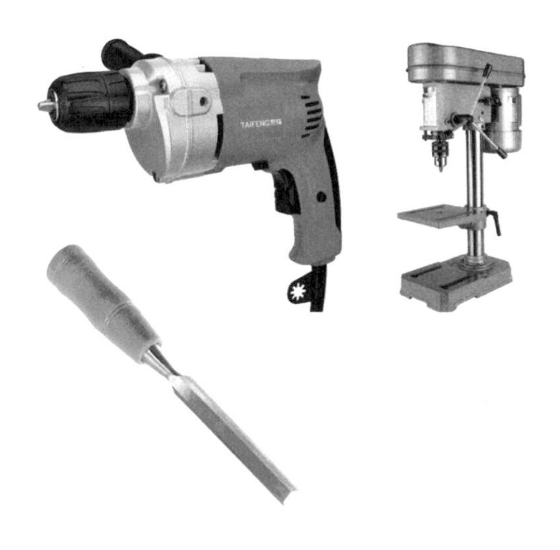

图 2-90　开孔开槽工具

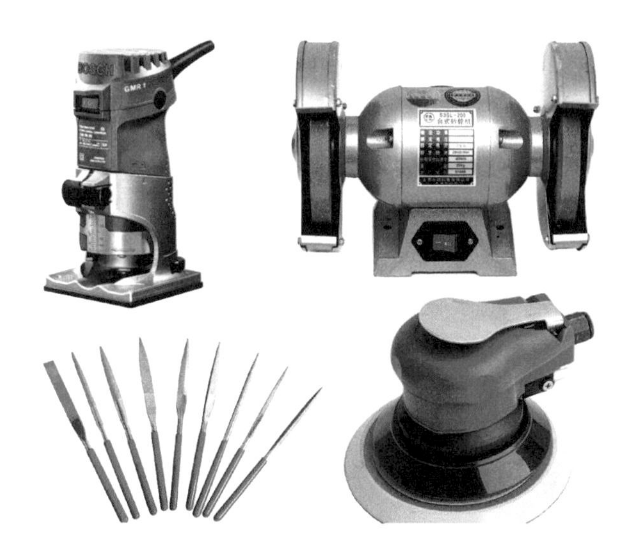

图 2-91　打磨整形工具

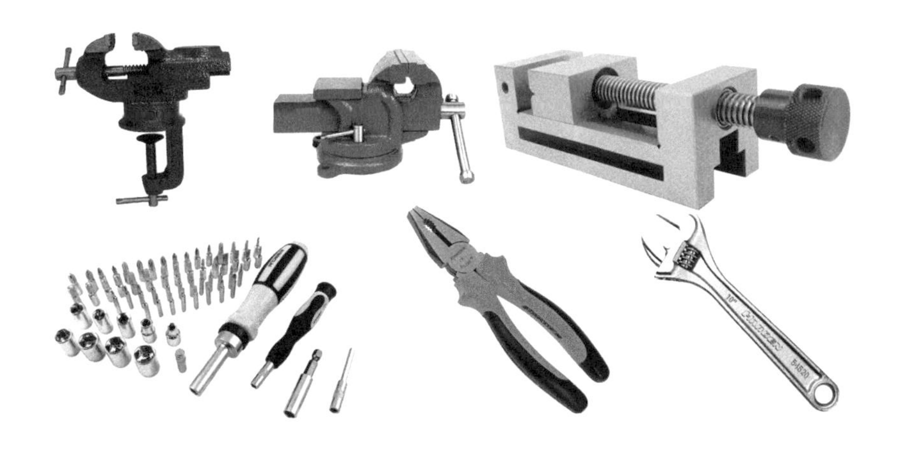

图 2-92 固定安装工具

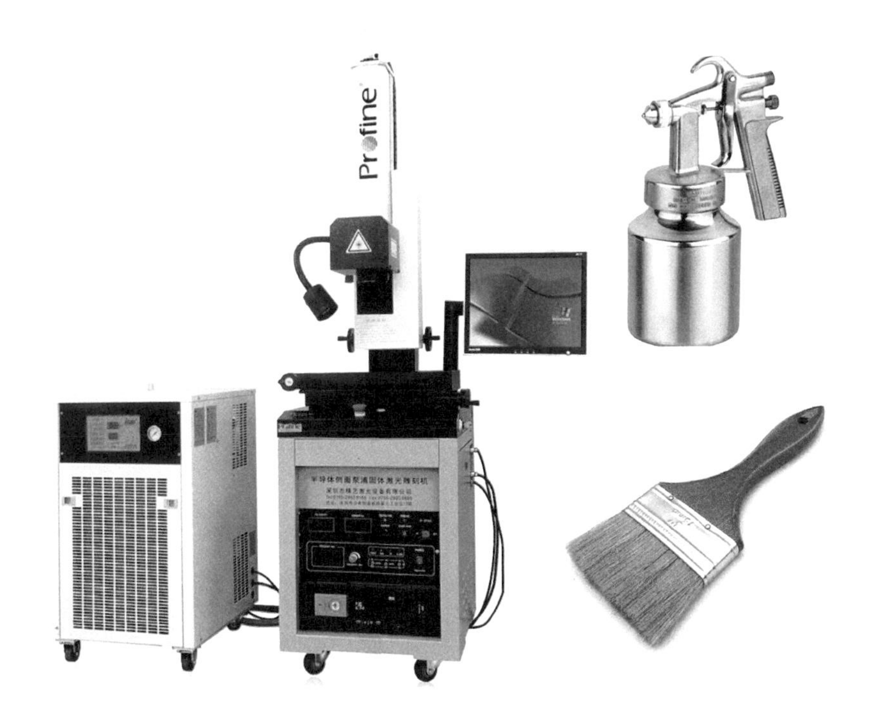

图 2-93 装饰喷涂工具

3. 案例解析

案例课题：原竹家居系列产品设计

设计：李正演 / 指导：傅桂涛、陈国东

（1）任务书

课题关注原竹材的现代化设计应用，经过前期的沟通交流后，制定了任务书，如表 2-15 所示。

原竹家居系列产品设计 表 2-15

任务描述：原竹材家居休闲系列产品设计	
产品描述	以原竹材探索设计一套家具产品
课题主要目标	• 通过对原竹材质的探索研究，设计出一系列符合现代生活环境的家居产品，而不是一件摆在展览馆里的竹艺术品 • 探索原竹家居设计的一条新路，使原竹家居的风格不在以传统竹制家居为模板，而是进化成为符合批量生产、简约现代、符合现代人群审美的新式竹家居系列
目标市场	• 崇尚清新与自然生活的人群 • 较为休闲的环境与场所
假设与限制	• 材料以原竹材为主，也可以尝试原竹材与其他材料结合 • 原竹材只以浙江的毛竹为原料
相关利益者	• 指导教师 • 原材料提供商 • 制作协作者（同学、模型制作师傅） • 用户

（2）概念与定位

前期收集了大量的原竹家具产品案例，有传统的也有现代的，并对这些案例的进行了分析，以寻找设计方向。

1）现有原竹家具一般是指以圆形空心型材为主要组成部分的竹秆件，部分对竹秆进行弯曲和辅以用竹材的有序排列。原竹家具能制作很多类别家具，目前主要是桌子和椅子，当然也有架子、屏风之类的产品，大多数造型单一，缺乏设计特色，现代感不强。大部分产品以单体设计为主，造型上系列的探索较少。

2）原竹产品的功能主要是通过其造型的改变或与其他材质或物件的组合来产生的。只使用原竹材，可以通过增加产品细节来增加其功能，多根原竹材的不同形式的组合能创造出许多创新点，一根用不同的切割方式也能创造很多可能。原竹材与其他物件的组合，可考虑竹材与电子产品、陶器、瓷器、木材、布料、水泥、玻璃等多种形式的组合，每种组合都能带来不一样的视觉体验与功能的创新，同时，竹材也可根据组合产品的功能而改变自我的加工，变得简单而富有情调。

3）竹产品的造型一定程度上是由其制作工艺决定的，用户购买竹产品，更多的是因为竹产品能带来其他材料无法满足的造型和机理，这就需要我们更多地利用竹材的结构去做设计，这种设计更能打动用户的心，也更适合去发展与普及。

在以上分析的基础上，进一步对课题的设计进行了概念定位。

①使用人群：喜欢竹文化，喜欢清新淡雅，简约明朗家具设计的人群。有一定审美品位。可以品味竹家具中的文化内涵。

②使用环境：可用于居家，展厅、咖啡厅等。内部环境需要是清新淡雅的，有大片的留白区域，或者需要室内环境的色彩与材质与竹家具能够匹配。

③造型：用原竹为基材，保留中间部分，是一个很好的装饰元素。同时，竹材竖向生长的竹纤维能够提供很好的受力，使设计的产品变得轻薄。竹材本身所具备的柔韧性使产品的造型拥有更多的可能，造型更加丰富。

在设计造型的时候，尽量不繁琐，力求造型简约明了，以线条为主。同时，考虑造型对于生产的可实现性与批量生产的可能性，要适于装配，连接部分尽量用现代的五金件连接，达到审美与成本的平衡。

④质感：可以将原竹作为唯一的材质，也可以尝试与其他材质结合，形成明显的反差对比，不仅增加竹家具的美感，也可以提升其价值。

⑤色彩：色彩应保持原竹材的本色，更显质朴。与其搭配的其他色彩则凸显竹材的特征，也保证整个作品的意境不被破坏。

⑥系列产品设定：系列产品初步设定为衣架、椅子、灯具、桌子、伞架和屏风。

（3）方案设计与表达

根据前面设定的产品类型，进行方案的推敲与表达，图2-94、图2-95为系列方案的设计手绘图，设计手绘思考如下：

1）竹材弯曲性能优越，将竹条弯曲后制作衣架，既美观，且手感佳，造型上是不规则的形状，设计更有造型感，用铁丝将竹片固定也作挂钩使用。

2）竹桌用到排列组合的竹子元素，形成韵律美感。支撑部分可以尽可能的简洁干净，表面可以加玻璃或软塑胶，做成像荷叶一般的浮萍形状，随性自然。

3）竹椅在太师椅的基础上加以设计，椅背可以从江南屋舍中或山水中提取元素，坐面用上可弯曲的竹材，坐着既舒适，又有美感。

4）伞架将单根竹子一分为二，下半部分嵌套在横向金属支架上，简洁又可以充分体现竹材的原生态设计。

5）屏风竹节有韵律地排列组合，外框形成简约的几何造型，可以加上宣纸，使之更丰富。

6）将竹节纵向破开，并有规律的切割，内置LED灯珠就形成了充满装饰性又自然的吊灯。

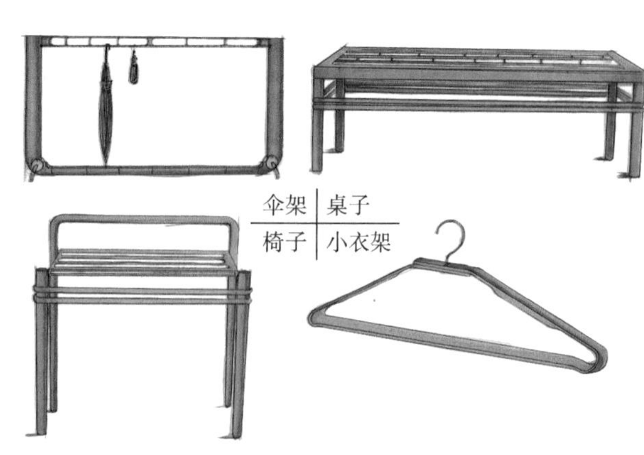
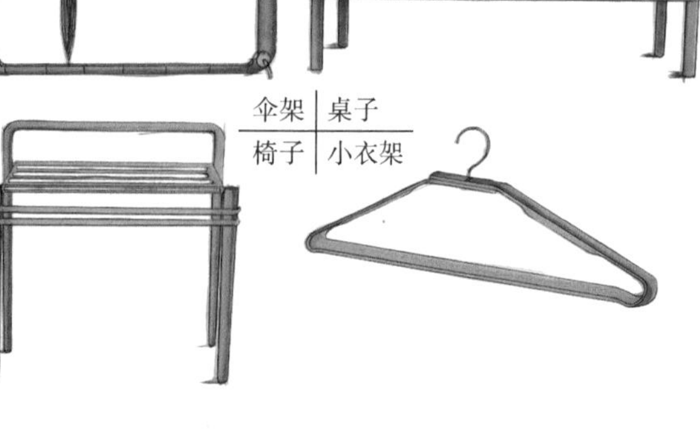

图 2-94　设计手绘 1（伞架、桌子、椅子、小衣架）

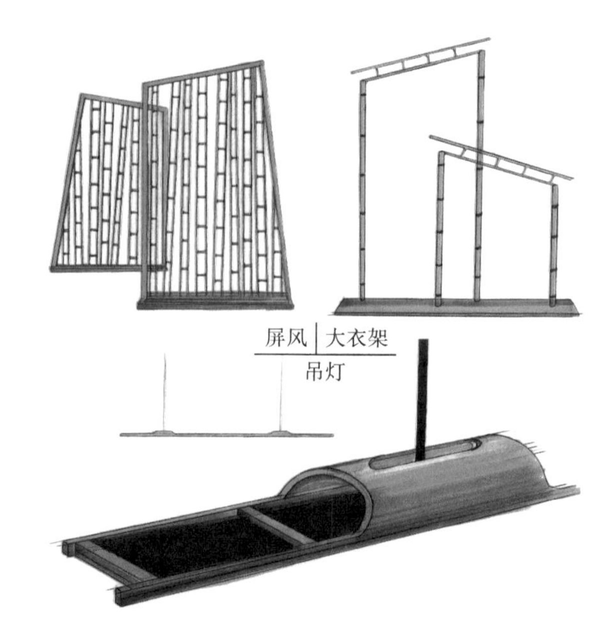

图 2-95　设计手绘 2（屏风、大衣架、吊灯）

最美好的生活源于自然的设计，原竹节拥有最天然的美，其本身毫无装饰的特性，通过简单排列组合达到自然和谐的构成美。在设计手绘思考表达的基础上，运用三维软件继续对方案进行表达和修正，效果图如图 2-96～图 2-102。

图 2-96 吊灯以简约纤细的直线为主体，吊灯可单独悬挂，也可成对使用，或者通过多个灯具的组合形成一种构成形式，它不仅只能提供光的灯具，而是一种装饰建筑的饰品。吊灯从底部向上依次为竹底板、亚克力透光板、灯带、上部顶盖部件组成。

图 2-97 屏风不加装饰的表达，以竹材本身的美为重点。通过木材的处理，将竹材嵌套其中，内部加以橡胶，增加竹材与木材的摩擦力。

图 2-98 伞架可根据实际情况可加长，或缩短长度，也可多层摆放。将竹子的各个部分合理使用，并保证加工制作的简单化。

图 2-99 大衣架以竹材结构作为横杆，简约的线条表达对江南房舍的印象。两个衣架大小不一，小衣架在前，大衣架在后，底部的木材为波浪形。运用螺钉锁定，简单易拆装。

图 2-100 小衣架由竹弯曲而成，将金属挂钩套入孔中，旋转 90 度即可固定，防止衣架上下滑动。

图 2-101 椅子采用原竹与木材结合而成，木材为具体的框架，竹材用在椅面上，表现其弹性特征。椅面的竹材采用原竹，从正面进行镂空，前后档推敲了两个效果，一个是镂空的原竹椅面外露，直观体现竹材，另一个是前后档也是用木材，维持统一。

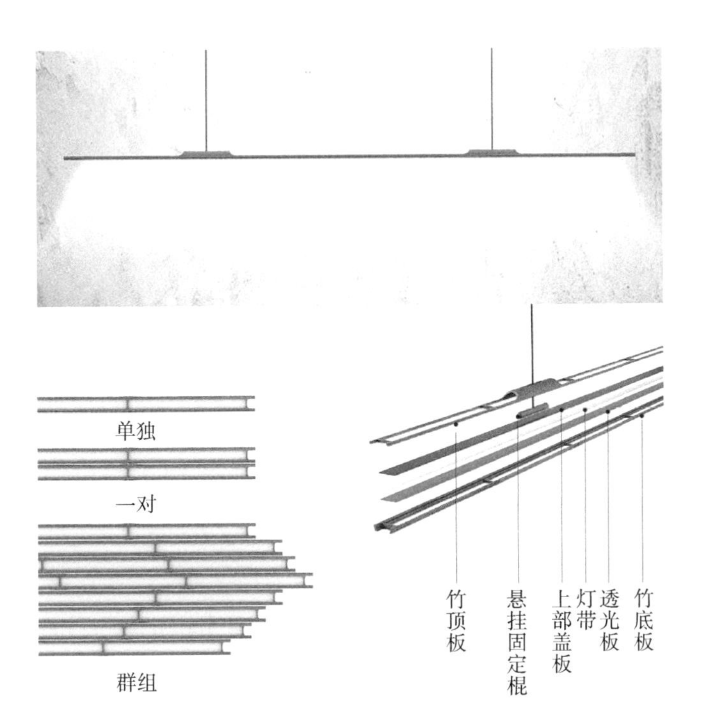

图2-96 吊灯效果图

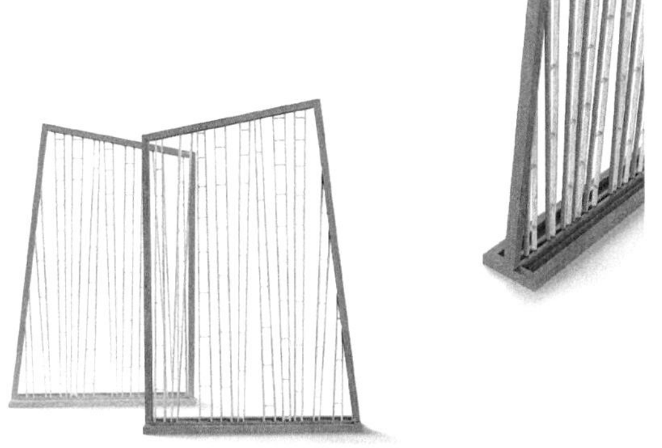

图2-97 屏风效果图

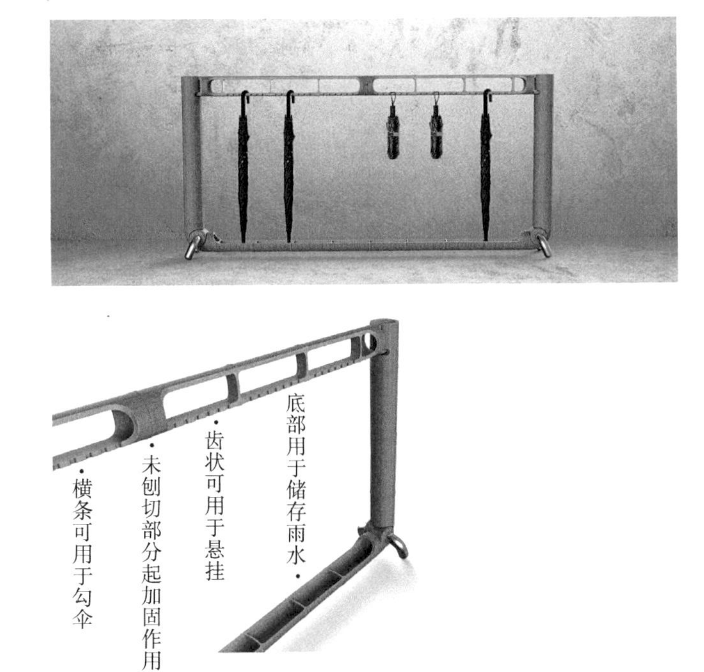

图2-98 伞架效果图

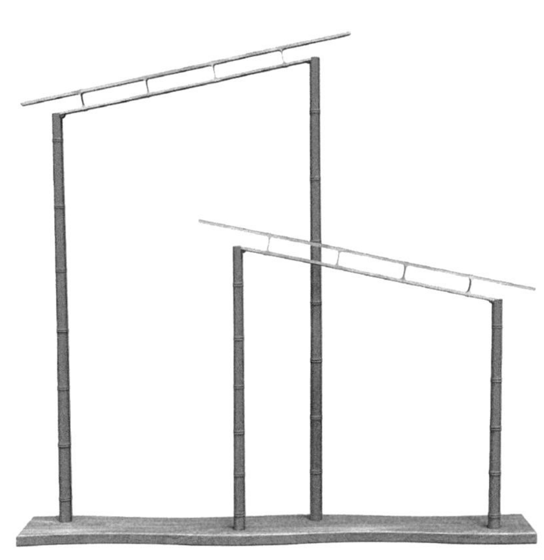

图2-99 大衣架效果图

图 2-102 桌子整体框架采用木质，在桌面加入竹节元素。竹节在桌面上既是一种装饰，也是一种结构，桌腿采用两条竹条固定，用钉将竹条固定于木质桌腿上。

上述原竹系列家居产品以自然材料为主，大部分都为原竹材设计而成，一些还结合木材、不锈钢等材料，系列感强。作为探索性的设计课题，上述方案除了吊灯和小衣架，其他产品造型还不够简洁，结构仍显复杂，竹材的对比反差不够凸显。因此我们思考将原竹与人工材料结合，是否能够更为体现材料的特色。通过进一步研究与探索后，在保留吊灯和小衣架的基础上，以简单的原竹处理结合铁艺

图 2-100　小衣架效果图

图 2-101　椅子效果图

图 2-102　桌子效果图

框架是个非常不错的设计方向，最后采用竹材结合铁艺设计了第二套方案，设计手绘如图 2-103。

优化设计后的系列家居方案，继续应用电脑三维软件进行尺度比例的规范、效果的修正和完善（图 2-104～图 2-109）。

图 2-104 为修改后的屏风方案效果，利用竹材的自身结构进行错落的组合，使其具有虚实结合的效果，通而不透。简单有棱角的铁艺外框以江南房屋为模板，营造富有江南韵味的屏风样式，竹片似斑驳的外墙古色古香。

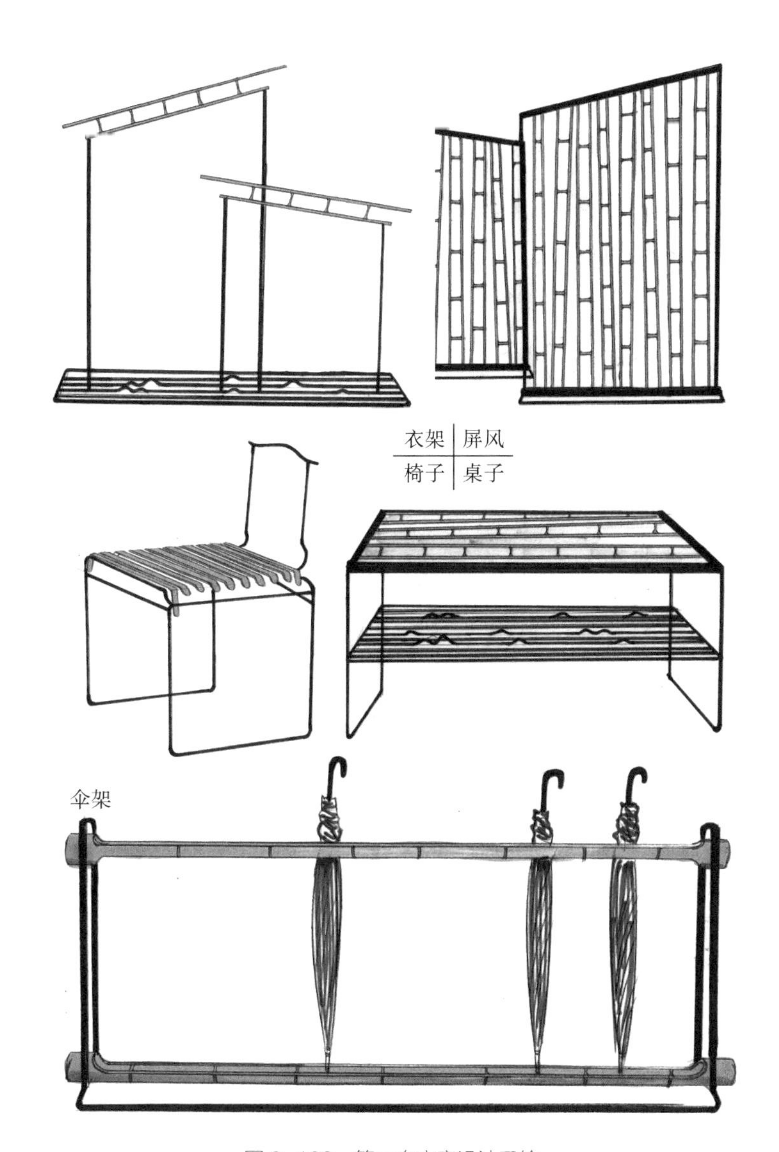

图 2-103 第二套方案设计手绘

图 2-105 为修改后的伞架方案效果，将单根竹子一分为二，下半部分嵌套在横向铁架上，竹节形成的格子能够用于盛水，也可以种植植物，上方将竹材剪切，空格可以束缚伞骨的打开，使水滴都可以顺着伞布流至盛水架。用简单的方式固定竹材，使其使用与拆装都方便。

图 2-106 为修改后的大衣架方案效果，衣架强调江南建筑线条的美感，只留下象征性的建筑简笔与屋顶的简单构成。屋顶以竹节结构为材料，竹节类似瓦片，它是美与功能的结合。底部将铁条弯曲，形成波浪形，可作为隔断，上方放置一些鞋类等小物件。

图 2-107 为修改后的桌子方案效果，原竹主要体现在桌面上，既是一种装饰，又是一种结构和纹理，桌面分为三层，第一部分为铁艺桌面层，用于连接铁艺桌腿与固定竹材。第二部分为竹材层，竹材自身的结构能为桌面提供美的构成感，并承接上部的亚克力板。第三部分为亚克力层，除了中部为透明亚克力，其余都为半透明磨砂亚克力，与中部的竹节相呼应。

图 2-108 为修改后的椅子方案效果，以铁艺为材料，尽量简化椅的外观，将单层原竹切片作为椅面材料，即减少了椅子视觉上的重量，也使其能拥有最适合的柔韧性，椅子前后两根长于其他，弯曲后别入铁架中，椅面靠竹片弯曲产生的结构固定于铁架上，简约美观，牢固实用。

系列组合的场景效果见图 2-109。

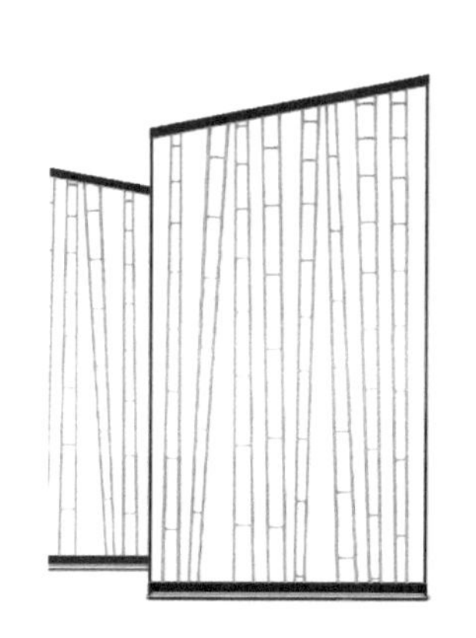

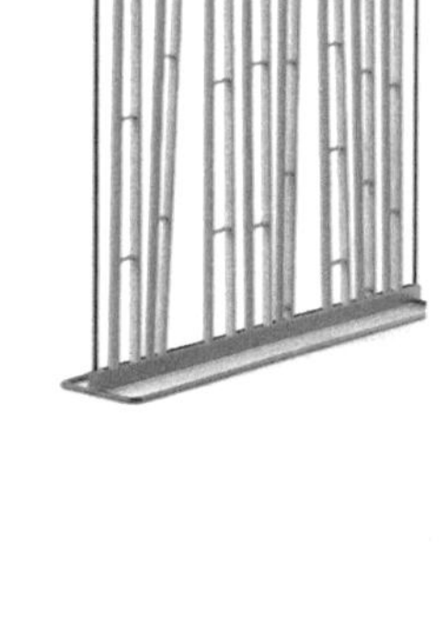

图 2-104　修改后的屏风

图 2-105　修改后的伞架

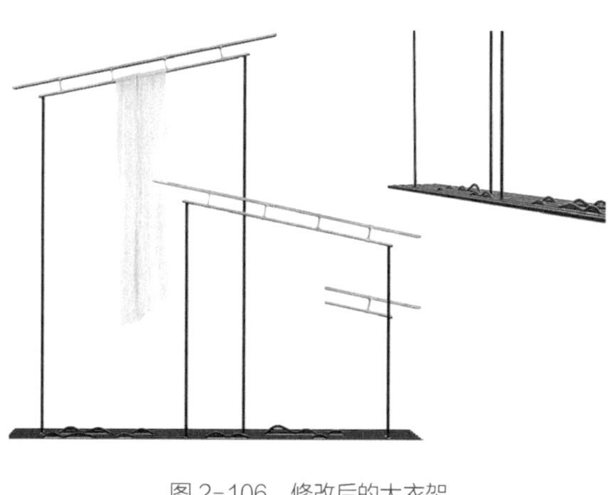

图 2-106　修改后的大衣架

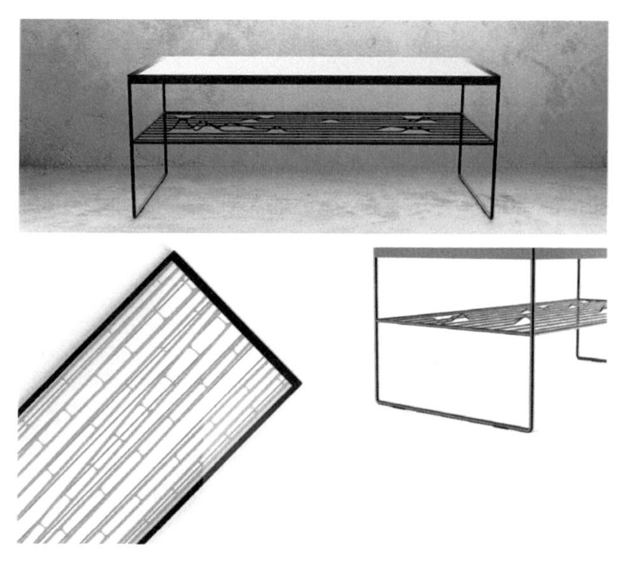

图 2-107　修改后的桌子

图 2-108 修改后的椅子

图 2-109 系列组合效果图

（4）模型制作

方案设计完成后就进入模型制作阶段，选择第二套方案原竹结合铁艺系列中的椅子、桌子、大衣架、屏风伞架进行制作。根据实验室的条件，基本想法为原竹材在实验室制作，铁艺部分由外部厂商打样，模型制作过程如下：

1）前期准备

各产品的尺寸如图 2-110～图 2-114，单位都为 mm，采购的原竹直径为 85mm 左右（图 2-115）。

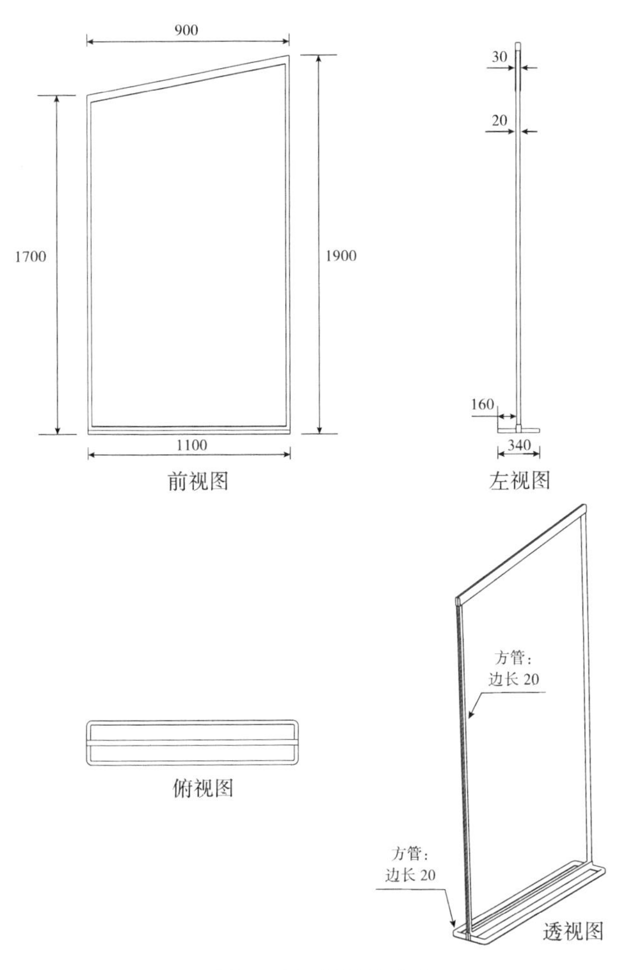

图 2-110 屏风尺寸图

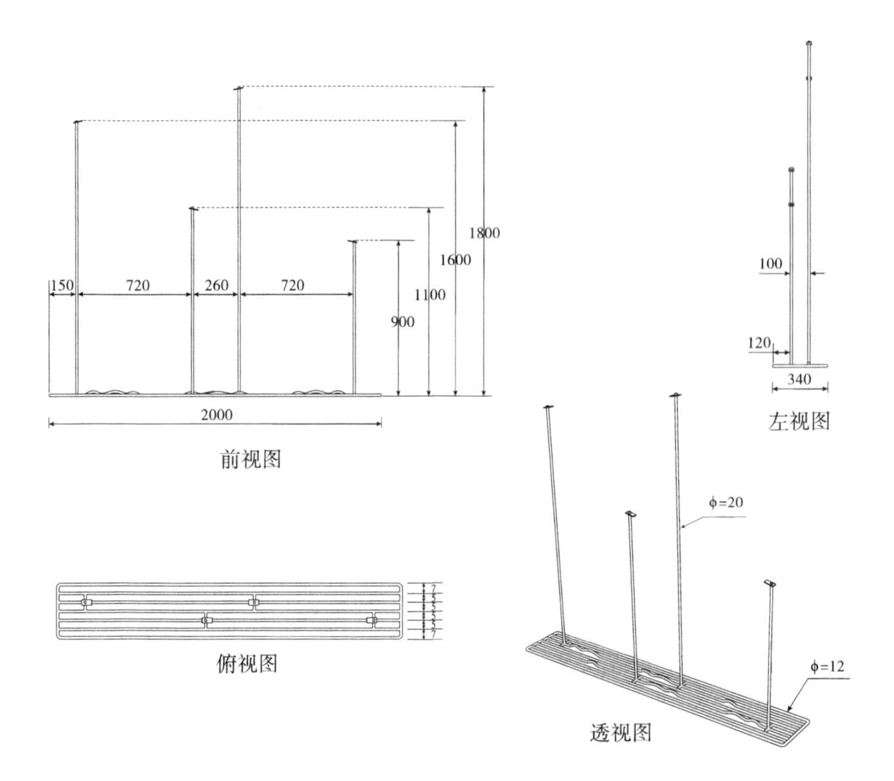

图 2-111 衣架尺寸图

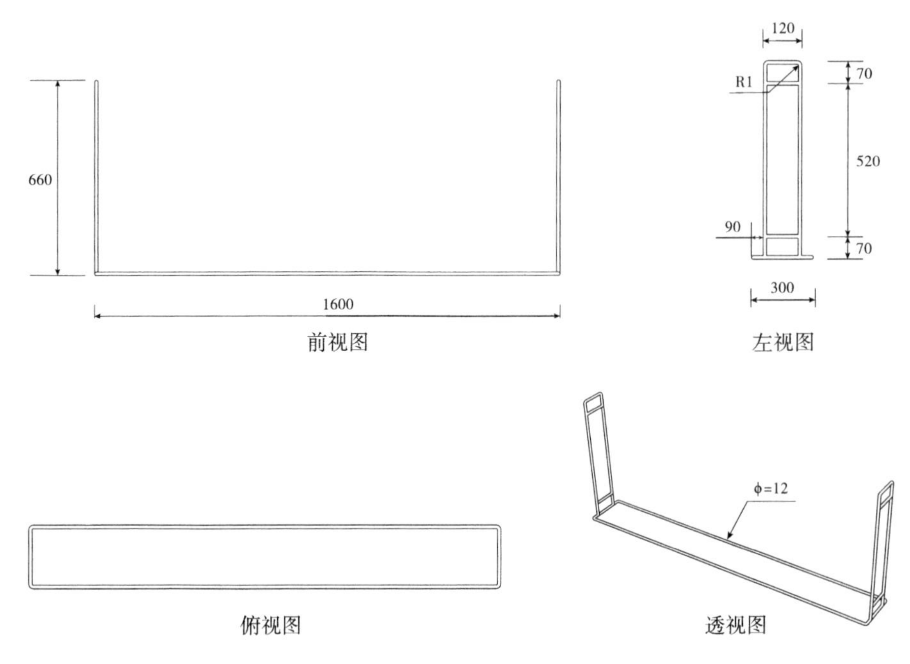

图 2-112 伞架尺寸图

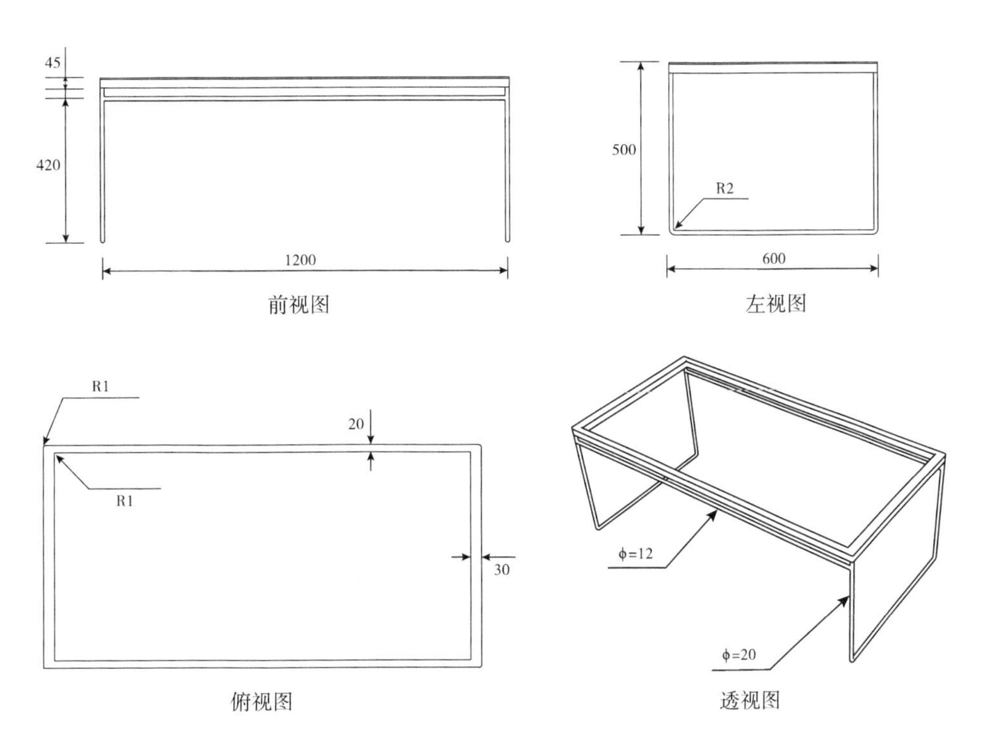

图 2-113 桌子尺寸图

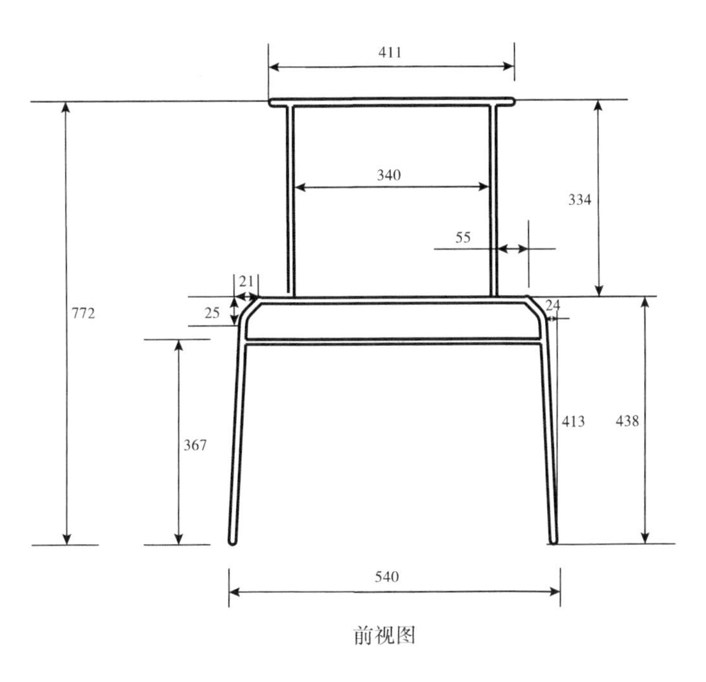

图 2-114 椅子尺寸图

图 2-115 原竹材

2）竹材与铁艺架子加工

①原竹材部分

各产品中的每个竹材加工单体类似，以桌子中的一个单体为例展示制作步骤：

第一步：锯料

首先就是要将原竹材锯出基本的形，注意锯图 2-116 的中图所示的部分要十分小心，该部分有竹节，比较硬，一不小心锯条就容易断裂。而为了防止锯歪，每锯一段时间，就要观察一下是否笔直，图 2-116 的右图为锯好的料。

图 2-116 锯料

第二步：竹肉侧面整形与打磨

料锯好后，先用斧子刮竹单体竹肉（图 2-117），再用电动打磨机对两侧进行打磨（图 2-118）。

第三步：去竹青

用美工刀削去表皮粗糙竹青，使竹皮表面光滑（图 2-119）。

第四步：内壁打磨

用锉刀将单体的内壁打磨平整（图 2-120）。

第五步：精修

用砂纸对整个单体进行精细打磨，使单体平整光滑（图 2-121），图 2-122 为制作好的单体效果。

图 2-117 刮竹肉

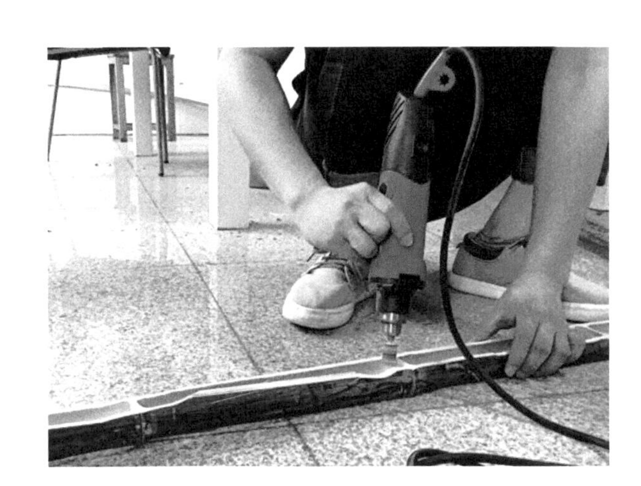

图 2-118 侧面打磨

图 2-119 去竹青

图 2-120 内壁打磨

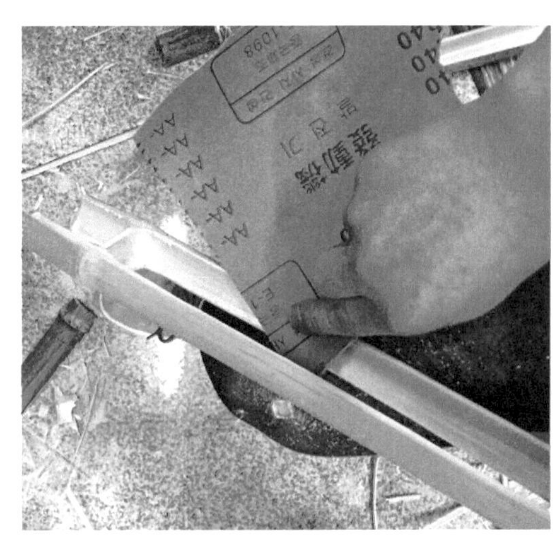

图 2-121　砂纸打磨精修

图 2-122　制作好的单体效果

②铁艺架子部分

铁艺架子部分是委托外面制作，除了椅子外均为可拆装，效果如图 2-123 所示。

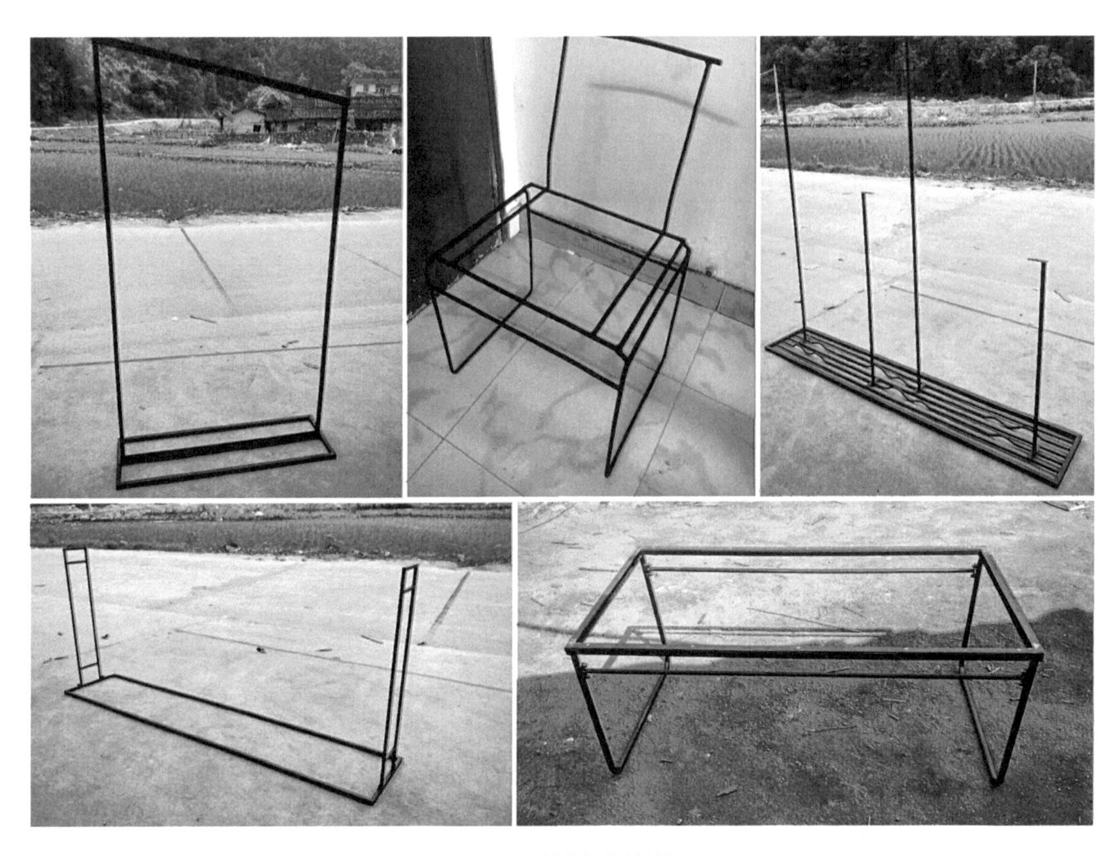

图 2-123　制作好的铁艺架

3）安装

将制作好的竹单体安装到打样好的铁艺架子上去，图 2-124 为桌子安装的情景。

图 2-124 桌子安装

4）模型制作完成

每个产品都逐一安装后，就完成了模型的制作，图 2-125 和图 2-126 为最终的成品展示。

图 2-125　大衣架 / 桌子 / 伞架

图 2-126　椅子 / 屏风

4. 设计实践

实践训练：以竹材为核心，以某一个领域为主题方向设定系列产品展开综合设计，完成一套竹产品的设计与制作。

设计要求与步骤：

（1）组建设计小组，确定主题产品

组建设计小组，选出组长，组内讨论小组的领域方向，根据组员的人数设置要设计的竹产品系列。

（2）任务书制作

根据小组自身的特点，设定和制作本小组的任务书。

（3）创意概念查找

充分运用概念查找方法和创意设计思维生成系列竹产品创意概念。

（4）创意概念表达与深化

对创意概念手绘表达，进行组内评估和讨论后，优化方案进一步采用计算机三维表达，这里要注意竹产品视觉上的系列性与统一性。

（5）模型制作

组内讨论思考整套竹产品的模型制作思路、然后进行模型的制作，注意在模型制作过程中，还可以进一步优化竹产品的细节设计。

03

第 3 章　课程资源导航

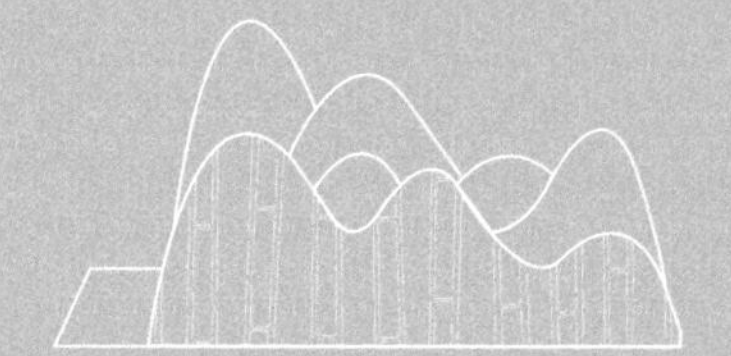

3.1 竹产品设计作品赏析（图3-1～图3-16）

FANG CUN JIAN 方寸间 模块化家居小产品设计
MODULAR HOME SMALL PRODUCT DESIAN

本设计以一个标准化的底座作为基础模块，使用者可以根据个人使用的需求，在基础模块上叠加具有不同功能的功能模块。例如，使用者需要一个小茶几，只需要在底座上叠加一块小面板。本设计提供的功能模块有：收纳盘、小面板、抽屉和衣帽架等。其中在衣帽架上可以增加新的功能模块，例如：小镜子、小托盘和挂钩等。

图3-1 方寸间——模型化家居小产品设计（设计者：卢祥祥 / 指导：陈国东、傅桂涛）

竹 · 手机小盒

原竹制作
可作为手机支架
可收纳耳机线、
充电线等手机配件

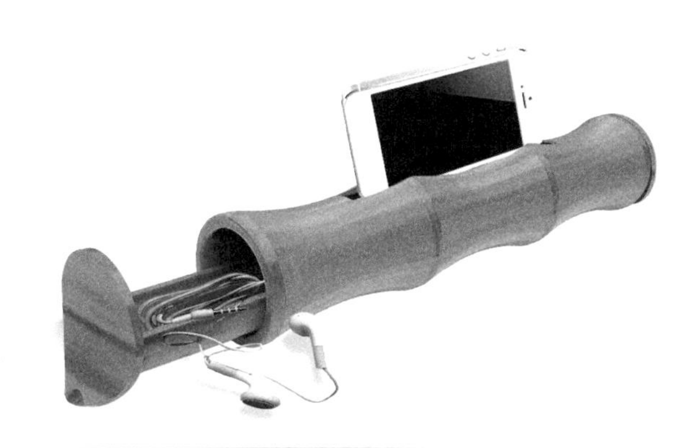

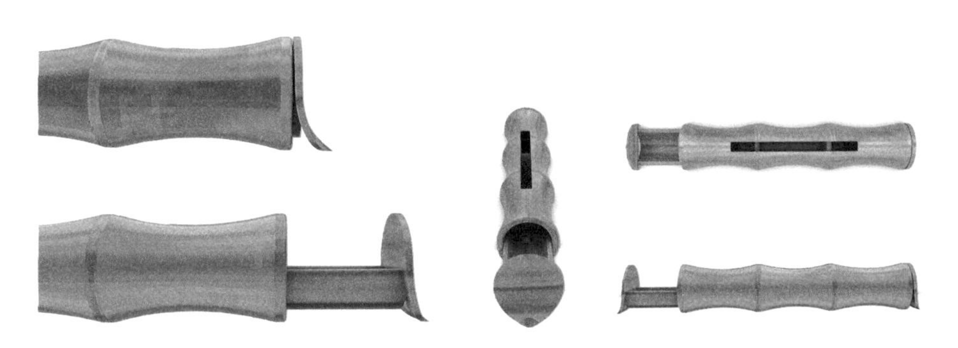

图3-2 竹 · 手机小盒（设计者：祝黎昀 / 指导：王军、陈国东）

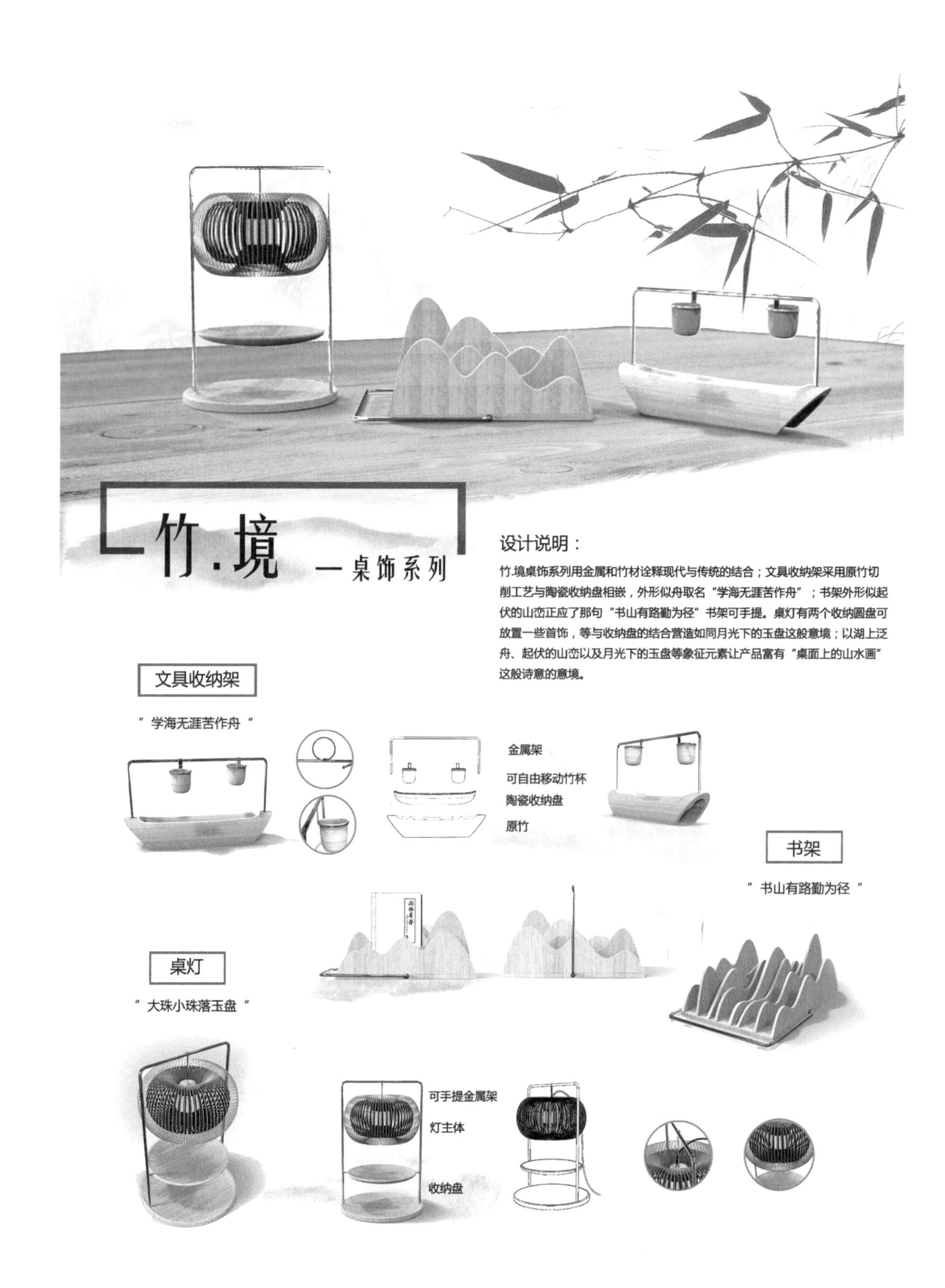

图3-3 竹镜——桌饰系列（设计者：沈佩欣/指导：陈国东、王军）

竹椅

以竹与钢材为材料融合中式风格设计而成，弯折扭曲的钢管构成错落有致的空间感，椅背和扶手的竹节内填泡沫，座面则是由铣出弧度的竹集板条构成，整体简洁大方。

图 3-4 竹椅（设计者：张芸蕾 / 指导：陈国东、王军、傅桂涛）

图 3-5 滴水思源（设计者：曾欢）

设计说明：

利用刨切薄竹板易弯曲成型的原理，将薄竹板弯曲成带有光滑圆角的立体几何形状，将其开槽，打孔，使其具有功能性，可以放置刀具，磨刀器，剪刀等。

结合陶瓷材料，避免了竹材，受潮易霉变的缺陷，将竹材包裹在陶瓷外部，形成保护。陶瓷底部开孔，利于排水，竹材在包裹时，留出一段空白，给人空间，不会觉得太过紧绷。

在竹材框架中间放置陶瓷材料的容器，作为盛放调料的器皿，竹材起到支撑、固定作用，同时避免碰撞。

图3-6　竹曲厨房套组设计（设计者：孙思伟/指导：陈国东、王军、傅桂涛）

图3-7　几（设计者：许丽/指导：王军、陈国东）

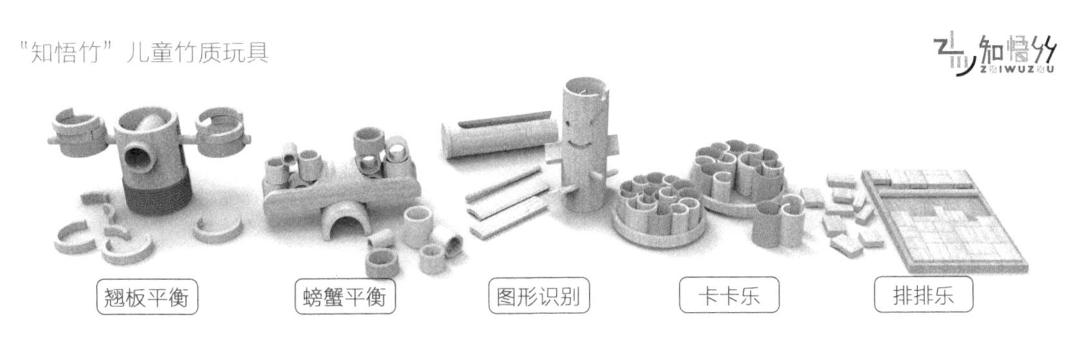

创意说明

利用竹子材料本身的构造特点，极大地保存了竹子原本中空壁薄圆孔状的构造，并结合玩具想要带来的益智功能，来设计出适合4-7岁儿童空间认知发展规律的益智玩具。

现在是信息技术迅速发展的时代，儿童产品趋于电子化，孩子的日常过于依赖与沉溺于电视、电脑、手机、平板的陪伴，这容易给孩子造成一种经济物质、以自我为中心的性格倾向，这并不利于儿童潜力开发，对身心健康发展也可能出现事与愿违。而现有的竹质益智玩具的玩法单一，操作过程枯燥，没有结合不同年龄层儿童的认知发展水平和儿童认知发展时期的构建论规律。本次设计为寻找益智类儿童玩具的适龄性、娱乐性、启发性，按照儿童认知发展规律，以儿童审美观来重塑传统竹质玩具进行的造型设计。

工艺说明

①选取不同直径的竹子，日晒后储存在干燥环境中，去除竹子内部多余的水分；

②将原竹根据需要的只存裁段、裁块、裁条；

③去青皮，将表面进行打磨、抛光；

④部分竹块进行喷漆，考虑到安全问题，漆均为安全环保水性漆。

图3-8　“知悟竹”儿童竹质玩具设计（设计者：刘慧）

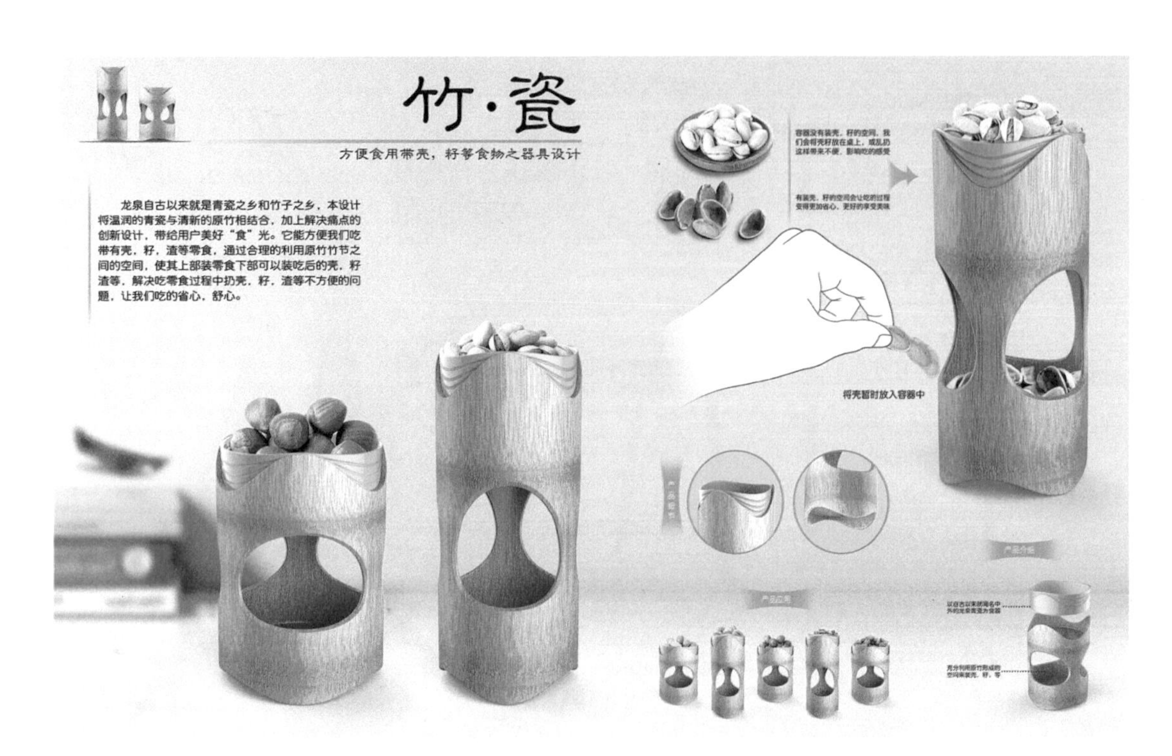

图3-9 竹·瓷（设计者：范强）

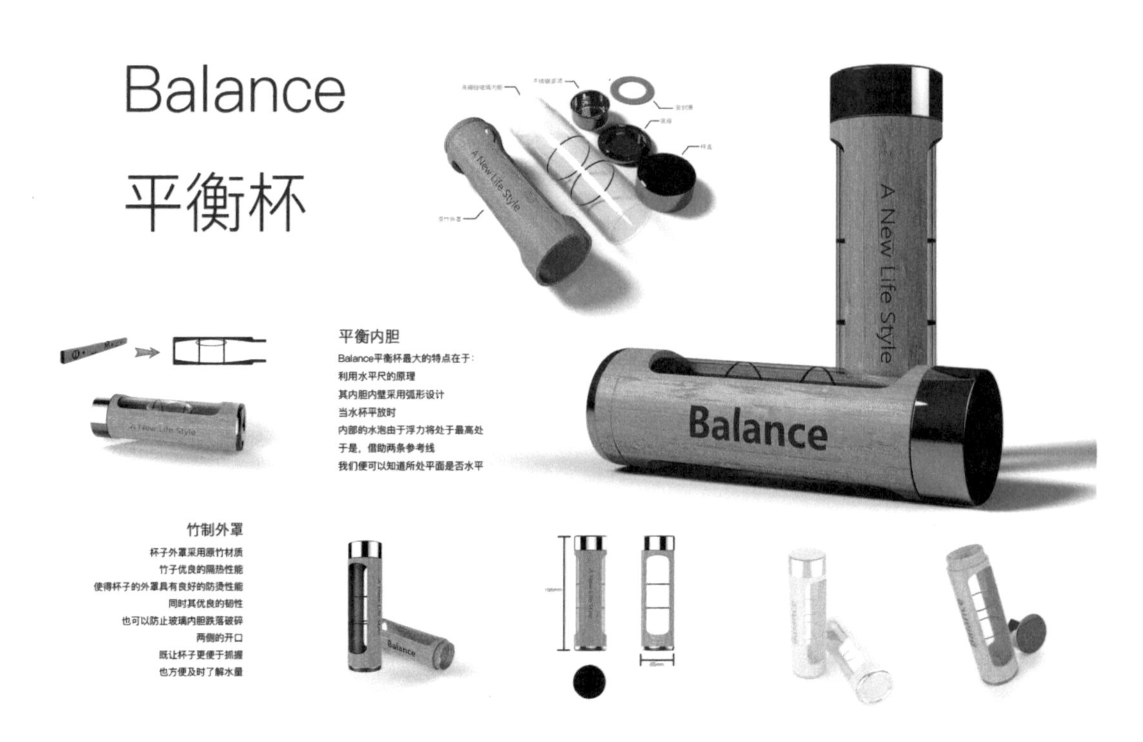

图3-10 平衡杯（设计者：谢正轩、汪旭磊、张冰/指导：舒余安）

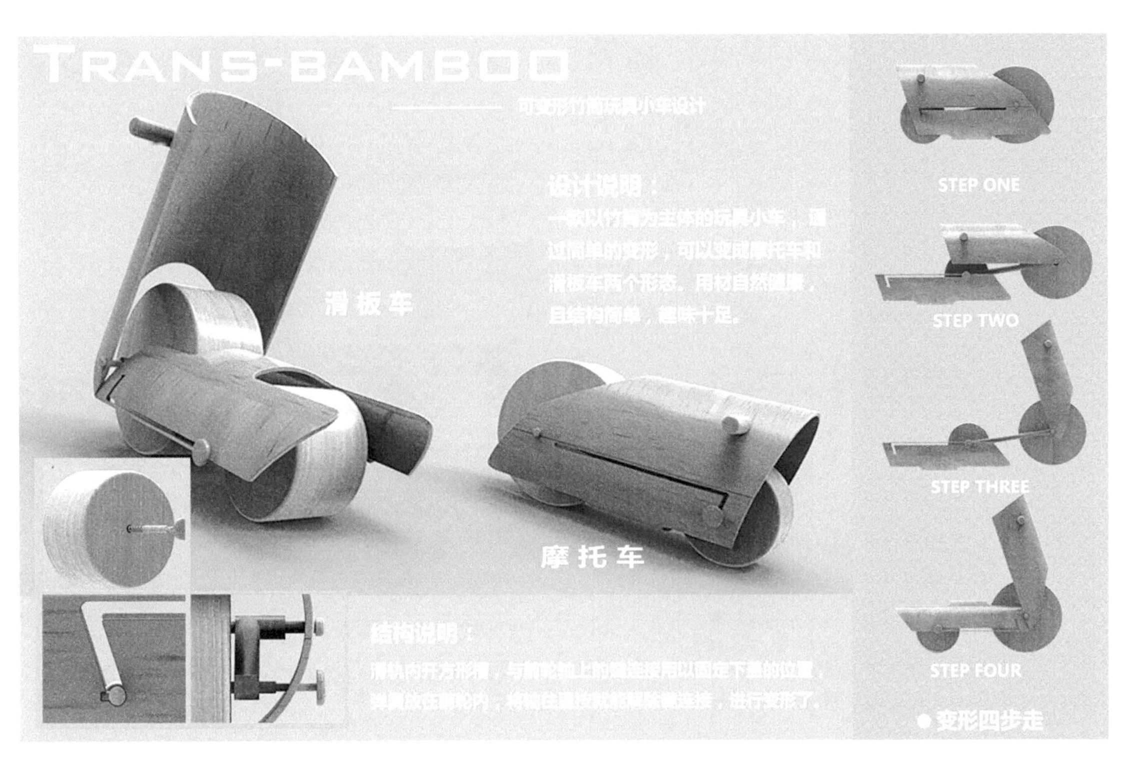

图 3-11 Trans-Bamboo（设计者：姜铭棋 / 指导：傅桂涛、陈国东）

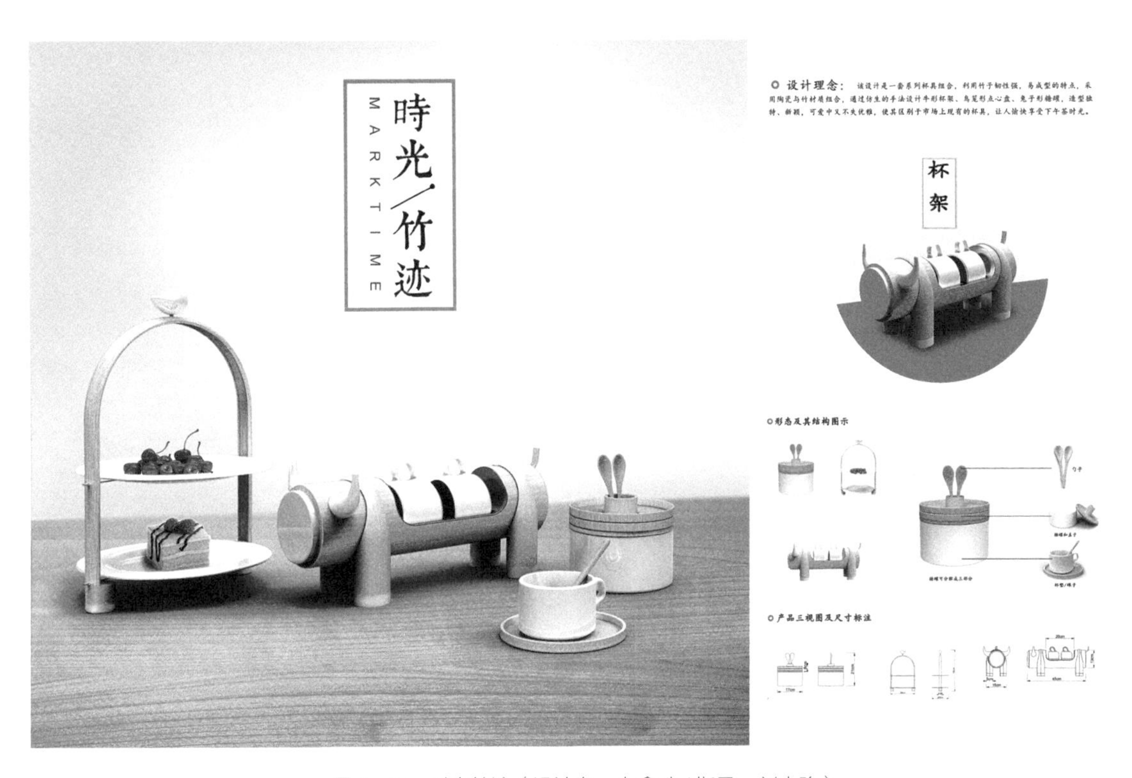

图 3-12 时光竹迹（设计者：韦鑫珠 / 指导：刘小路）

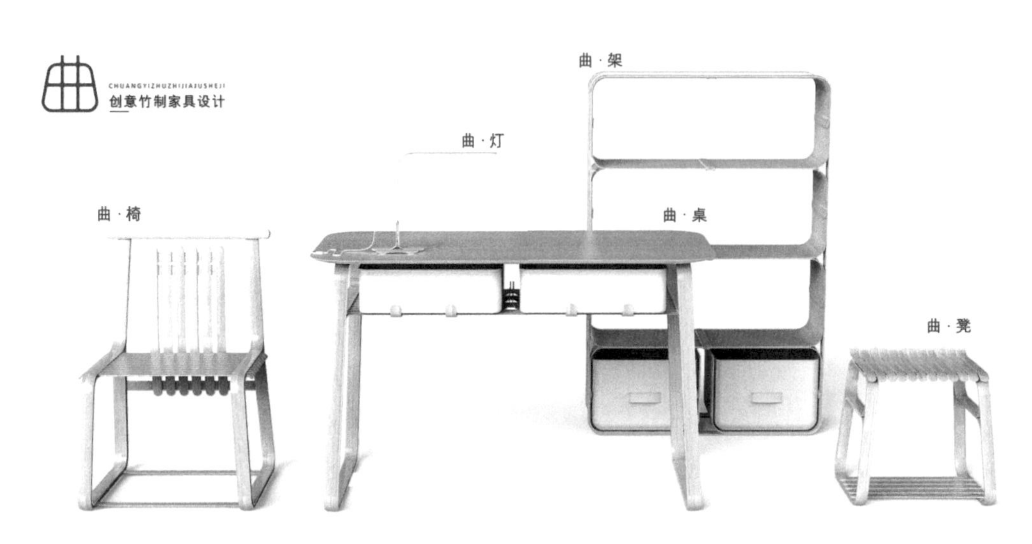

图 3-13　曲——创意竹制家具设计（设计者：卢祥祥 / 指导：王军、陈国东）

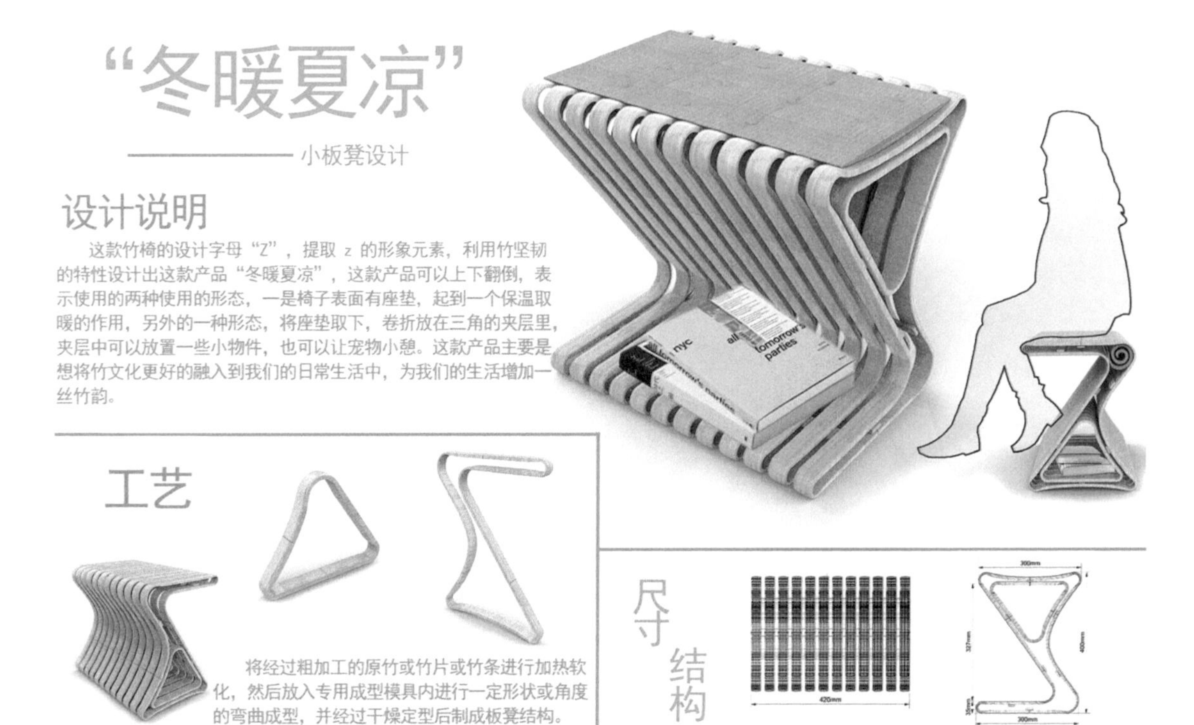

图 3-14　冬暖夏凉——小板凳设计（设计者：何山 / 指导：黄凌玉、蔡克中）

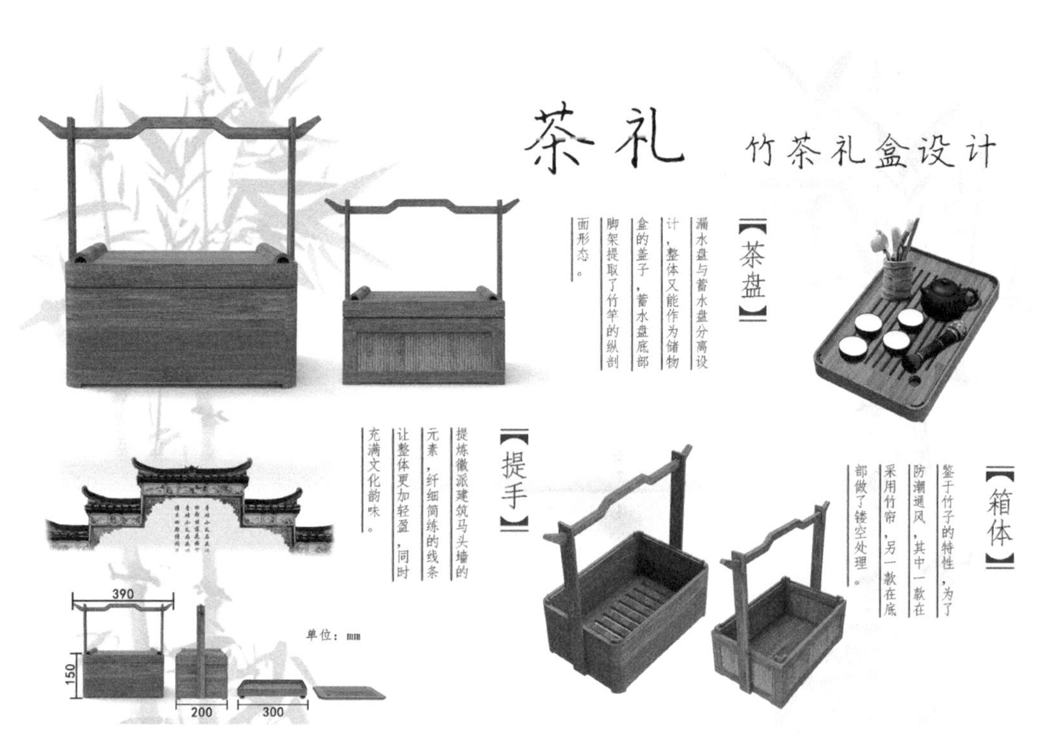

图 3-15　茶礼 · 竹茶礼盒设计（设计者：陈倩儿 / 指导：傅桂涛、陈国东）

图 3-16　同甘共苦 · 竹乡簸箕（设计者：陈臻）

3.2 设计网站资源导航

中国非物质文化遗产网（http://www.ihchina.cn）

中国非物质文化遗产数字博物馆，旨在利用数字化技术和网络平台展示、传播中国和世界非物质文化遗产的专业知识，展示我国深厚丰富的非物质文化遗产资源，提供非物质文化遗产保护工作的信息交流，凝聚非物质文化遗产保护实践的观念和理论共识，充分调动和利用全社会的学术、经济、舆论资源及社会公众的参与，以促进中国非物质文化遗产保护工作的全面和健康开展。

“素生”品牌官网（http://sozen.cn）

“素生”由中国美术学院章俊杰老师创立，设计工作室坐落于风景秀丽、诗意盎然的杭州，素生设计意在传达一种回归素雅的生活方式，寻求一种传统手艺与现代产品完美契合共生的设计理念。

“三点水”品牌官网（http://www.drii-design.com）

三点水创意是一家产品开发与设计公司，由设计师林桓民与工艺家黄品欣共同主持，协助客户提升品牌及企业价值，结合东方工艺与现代设计，创造极具影响力的作品。

“橙舍”品牌官方网站（http://www.csbamboo.com）

“橙舍”是以精良竹家居用品为核心的高端原创设计师品牌，倡导简单自然的新生活方式。设计师以竹为主要元素，以家为创作对象，在尊重传统家居的同时，创造出“轻灵雅致、简约实用”且略带一丝禅意的竹品家居。

台湾创意设计中心（http://www.tdc.org.tw）

设计中心致力以创意设计驱动创新、推动产业与经济发展，让台湾原生的设计能量在各社会及文化领域发挥影响力。

国际竹藤组织官方网站（http://www.inbar.int）

国际竹藤组织现有成员国 43 个，主要来自发展中地区的竹藤资源生产国，位于北京的秘书处负责协调国际竹藤组织的全球项目。在保持竹藤资源可持续发展的前提下，通过联合、协调和支持竹藤的战略性及适应性研究与开发，提高竹藤生产者和消费者的生活水平。

“自然家”品牌官方网站（http://www.naturebamboo.com）

自然家成立于 2006 年 9 月，由设计师易春友和谭雪娇创办，主要从事以天然素材为主的产品设计和室内软装工作。致力于发掘环保的天然素材与传统手工艺，以新的思考和设计表现，创作出适合现代生活的自然家品。

“十竹九造”品牌官方网站（http://www.madebamboo.com）

“十竹九造”成立于 2011 年，他们用“九分”加工工艺来呈现“十分”的竹子天然之美。这不光是对传统手工技艺的传承，也包含着竹器设计里对“东方元素”的运用。

参考文献

[1] 李延军，许斌，张齐生，等．我国竹材加工产业现状与对策分析 [J]．林业工程学报，2016，1（1）：2-7.

[2] 何明．中国竹文化研究 [M]．昆明：云南教育出版社，1994.

[3] 明星．湖南高庙文化遗址出土中国最早的竹工艺品［EB/OL］．新华网，2004，3-22.

[4] 韦良．论区域文化格局中的湖州竹文化 [J]．湖州师范学院学报，2011，33（5）：1-4.

[5] 佚名．吴兴钱山漾遗址第一、二次发掘报告 [J]．考古学报，1960（2）：73-91.

[6] 国家林业局．全国竹产业发展规划（2013-2020）[R]．2013.

[7] 张朵朵．“断竹”与“续竹”：当代中国竹产品的设计与创新 [J]．艺术百家，2010（s1）：111-114.

[8] 李世东，颜容．中国竹文化若干基本问题研究 [J]．北京林业大学学报（社会科学版），2007，6（1）：6-10.

[9] 陈君．传统手工艺的文化传承与当代“再设计”[J]．文艺研究，2012（5）：137-139.

[10] 吴东彦．竹器与编织小史（上）[J]．轻工集体经济，1986（9）：46-47.

[11] 吴东彦．竹器与编织小史（下）[J]．轻工集体经济，1986（8）：38.

[12] 金克南．传统竹制品与现代竹产品 [J]．环球市场，2016（2）：29-30.

[13] 沈法．浙江民间竹器物文化研究 [M]．杭州：浙江大学出版社，2016.

[14] 李莉萍．寻找传统记忆的“微缩建筑”——竹编的传承与应用 [J]．美术教育研究，2016（2）：39-41.

[15] 吴健安．市场营销学 [M]．北京：高等教育出版社，2011.

[16] 刘永翔．产品设计 [M]．北京：机械工业出版社，2008.

[17] 蒋金辰．产品设计程序与方法 [M]．重庆：西南师范大学出版社，2009.

[18] 王昀，刘征，卫巍．产品系统设计 [M]．北京：中国建筑工业出版社，2014.

[19] 韦艺娟．产品设计中的象征现象研究 [D]．湖南大学，2004.

[20] 吴佩平，章俊杰．产品设计程序与实践方法 [M]．北京：中国建筑工业出版社，2012.

[21] 陈红娟．产品设计中材料情感特性的应用研究 [J]．包装工程，2011（10）：59-62.

[22] 陈嘉嘉．后工业时代跨文化设计在数字交互产品设计中的应用 [J]．南京艺术学院学报（美术与设计），2012（2）：168-173.

[23] 雍际春．地域文化研究及其时代价值 [J]．宁夏大学学报（人文社会科学版），2008，30（3）：52-57.

[24] 朱乐西，庄永成，段福斌．跨文化的产品设计和国际化综述 [J]．机电工程，2008，25（6）：108-110.

[25] 林伟．技高而道宽——产品设计表现技法教学探索 [J]．数位时尚．新视觉艺术，2010（1）：105-106.

[26] 刘和山等．产品设计快速表现 [M]．北京：化学工业出版社，2010.

[27] 江湘云．产品模型制作 [M]．北京：北京理工大学出版社，2005.

[28] 张齐生．中国竹工艺 [M]．北京：中国林业出版社，1997.

[29] 黄翠琴，陈燕．竹制品加工技术 [M]．福州：福建科学技术出版社，2011.

[30] 朱新民．竹工技术 [M]．上海：上海科学技术出版社，1988.

[31] 唐纳德．A. 诺曼．设计的日常 [M]．小柯译．北京：中信出版社，2015.

[32] 黄圣游，吴智慧．重组竹新中式家具的发展前景 [J]．竹子学报，2010，29（3）：1-4.

[33] 黄梦雪，张文标，张晓春，等．竹材软化展平研究及其进展 [J]．竹子研究汇刊，2015，34（1）：31-36.

[34] （美）卡尔 · T · 犹里齐，斯蒂芬 · D · 埃平格．产品设计与开发（第二版）：工商管理经典译丛 [M]．杨德林译．大连：东北财经大学出版社，2001.